新型职业农民农业技术培训教材

特种水产
高效养殖技术

朱定贵　主编

中国农业科学技术出版社

图书在版编目（CIP）数据

特种水产高效养殖技术／朱定贵主编．—北京：中国农业科学技术出版社，2012.12

ISBN 978－7－5116－1157－4

Ⅰ.①特…　Ⅱ.①朱…　Ⅲ.①水产养殖　Ⅳ.①S96

中国版本图书馆 CIP 数据核字（2012）第 291341 号

责任编辑　崔改泵　白姗姗
责任校对　贾晓红　郭苗苗

出 版 者　中国农业科学技术出版社
北京市中关村南大街 12 号　邮编：100081
电　　话　(010)82109194(编辑室)　(010)82109702(发行部)
(010)82109709(读者服务部)
传　　真　(010)82109708
网　　址　http://www.castp.cn
经 销 者　各地新华书店
印 刷 者　北京富泰印刷有限责任公司
开　　本　850mm×1 168mm　1/32
印　　张　5.875
字　　数　147 千字
版　　次　2012 年 12 月第 1 版　2015年7月第4次印刷
定　　价　18.00 元

前　　言

“三农”问题关系到国家的前途和命运，关系到国家的长治久安。党的十六届五中全会提出了建设社会主义新农村的重大历史任务，《中共中央国务院关于推进社会主义新农村建设的若干意见》进一步提出了建设社会主义新农村的二十字方针：“生产发展，生活宽裕，乡风文明，村容整洁，管理民主。”发展生产，增加农民收入，是新农村建设的核心，是构建社会主义和谐社会的重要举措，意义重大。建设社会主义和谐社会的重点和难点在于新农村建设，而新农村建设的关键在于发展农业生产，发展农村经济，增加农民收入。引导广大农民群众充分利用当地的资源优势发展特种水产养殖，是调整农业产业结构、增加农民收入的重要途径。

随着我国经济发展，人民生活水平的普遍提高，健康意识的增强，消费者尤其是城市中产阶层对水产品的消费，已经不再满足于普通的水产品，对味道鲜美、食用价值高、具有保健或药用功能的特种水产品的需求日趋旺盛，需求量大幅增长。因此，如何养殖出质量更好、产量更高、品种更多样化的淡水特种水产品，是淡水水产养殖业今后的发展趋势。

中国农业科学技术出版社为了帮助广大养殖户提高养殖技术水平，开展科学的特种水产养殖，向市场提供优质安全的淡水特种水产品，满足消费者的需求，邀请笔者就近年来的淡水特种水产养殖的发展现状、发展趋势及生产经验编撰本书。

本书分八章，介绍了龟、鳖、黄鳝、泥鳅、胡子鲶、虎纹蛙、罗非鱼的生物学特性、饲料种类、人工繁殖、苗种培育、商品养殖、捕捞与运输、病害防治等技术要点，供广大养殖户参考。笔者在编写时尽量做到语言通俗易懂，内容科学丰富实用，注重可操作性，希望能给广大农民朋友带来帮助。

本书在编写过程中得到了许多同行的关心和支持，在书中引用了一些专家、学者的研究成果和相关书刊资料，在此一并表示诚挚的感谢。

由于笔者水平有限，书中错误、遗漏之处在所难免，敬请广大读者批评指正。

笔者

2012 年 7 月

目　录

第一章　淡水特种水产养殖的现状与趋势

我国是世界水产养殖大国，淡水养殖产量居世界首位。据《2010年中国水产养殖业研究报告》资料统计，2009年中国水产品产量为5 120万吨，同比增长4.6%，其中，淡水水产品占2 437万吨；另据百度文库《中国水产品历年产量》显示，2010年全国水产品总量为5 373万吨，其中，淡水养殖产量为2 346.53万吨。在淡水养殖产量中，常规淡水养殖品种产量占绝对优势，而常规品种大多为低值鱼产品，量的增长只满足了消费者的基本要求，不能满足市场对高端水产品的需求，进一步发展特种水产养殖势在必行。

关于特种水产品的定义，是相对于常规水产品而言的，一般指产量相对较少，经济价值较高，目前养殖较少，开展养殖时间不长，养殖利润高，市场销售有一定区域性，消费群体高端性的水产品，一般具有味道鲜美、食用价值高、保健或药用功能等特点。同时，特种水产品也是一个动态的概念，受特定的时空限制，不是一成不变的。一些特种水产品，在一个地方是普通品种，但在另一个地方却是特种水产品；还有一些特种水产品，随着时间的推移，人工苗种的大量培育成功，高效饲料的商业化生产以及养殖技术的成熟，使高技术高成本的生产对象变成普及的种类，卖方市场也变成了买方市场，由原来的特种水产品变成普通产品。

特种水产养殖是相对于传统水产养殖业而言的，养殖方式通常是集约化养殖，在养殖的全过程（或某个阶段）中，某些品种还需配备必要的设施，生产规模有一定的局限性。大力发展特种水产品养殖，一方面有利于调整农业产业结构，优对水产品结构，发展多种经营，合理开发利用水生野生资源，促进农民增收致富，加快社会主义新农村建设步伐；另一方面，使一些鲜为人知、价格高昂的水产品种类渐渐为人们所熟悉，进入寻常百姓家，满足普通群众的消费需求。

常见淡水特种水产养殖对象主要有黄鳝、泥鳅、鳗鱼、胡子鲶、鳜鱼、青蛙、龟、鳖、河蟹、虾等。因地制宜选择适合当地条件的养殖品种，是特种水产养殖取得高产高效的有效保证之一。

一、特种水产养殖的现状

淡水特种水产养殖在我国有较长的历史，在国民经济中有较为重要的地位。但淡水特种水产养殖作为一个产业，起步于20世纪70年代初期，水产工作者将海口出产的蟹苗运到内陆一些水域试养，获得良好增产效果。1973年正式引进网箱养鱼技术，首先在淡水方面推广，养殖名特优鱼类和日本沼虾，当年还试养了河鳗并获得了成功。1976年中国农业科学院从日本引进罗氏沼虾，在广东省水产研究所试养取得成功。1978年从泰国引进了一批蟾胡子鲇养殖，获得高产，为名特优水产养殖业的发展打下了基础。20世纪80年代，随着我国经济改革的不断深入，人民生活水平不断提高和国际市场的进一步开拓，特种水产养殖业呈蓬勃发展趋势，给广大养殖业者带来了可观的经济效益，特种水产养殖业已成为我国水产养殖业中的一个主要经济增长点，特种水产养殖效益也因之进入暴利时代。据报道，1978年全国的名、特、优水产养殖产量只占水产养殖总产量的1%，产值仅占养殖总产值的5%。到了2000年，我国淡水养殖产量为1 516万吨，名、特、优水产养殖面积达到了324.18万公顷，比上年增长30.8%，产量占养殖总产量之比上升到15%，产值比上升到30%，并且呈上升趋势。但特种水产养殖业也受市场规律的制约。由于20世纪90年代特种养殖业的飞速发展，特别是鳗鱼、鳖的养殖，产量大幅度增加，市场供求关系发生变化，由卖方市场转为买方市场，加之产业结构的不断调整，导致1996年鳗鱼、鳖的市场价格暴跌，伴随鳗鱼、鳖等养殖业的大幅滑坡，特种水产养殖暴利时代基本上一去不复返，虽然需求稳步增长，但价格总体呈下降趋势。这有利于规范养殖，平衡特种水产养殖业利润，增强抵御风险的能力，特种水产养殖开始转入持续、稳定和健康发展阶段。

1997年经国务院批转的农业部《关于进一步加快渔业发展的意见》中明确指出："在稳定大宗品种生产的同时，根据市场需要，因地制宜地积极发展名特新水产品的养殖，形成规模化生产。"在这一重要的指导渔业发展的政策性文件中，首次确立了名特优新水产品的地位，提出了发展特种水产养殖的要求，促进了特种水产养殖的进一步平稳发展。

自2000年以来，特种水产养殖品种不断增多，产量不断增加，呈现平稳发展势头。目前以鳗鲡、鳖、虾养殖比重最大，通过模拟自然生态养殖，提高了产品质量，基本实现大众化消费，发展势头良好。

在特种水产养殖的淡水鱼类中，除鳗鲡外，近几年，黄鳝、泥鳅、土塘角鱼也因其肉味鲜美、有一定的药用价值而成为消费热点，价格上升，养殖规模迅速扩大。以湖北省为例，每年黄鳝产值达30亿元。其他养殖品种如河鲀、鲟鱼、鳜鱼、鲶鱼、黄颡鱼、斑鳢、乌鳢、淡水鲨鱼等产量也逐年上升，市场价格稳中有降，但其养殖效益仍高于常规品种。罗非鱼以其对环境要求不高、苗种易解决、饲料来源广、生长快、病害少、消费群体大众化以及产品加工出口市场前景广阔等特点，在我国得到迅速发展，养殖产量在南方一些省区已占举足轻重的地位，价格保持平稳。

虾蟹类养殖得到了迅速发展，尤其在江苏、浙江、安徽、上海、广东、广西壮族自治区（以下称广西）、湖北、河北等地，养殖规模扩大，养殖方式多样，养殖技术普遍提高。淡水虾蟹养殖的品种增多，但主要养殖种类仍是河蟹、罗氏沼虾、青虾、南美白对虾，养殖方式有池塘养殖、围网养殖、庭院养殖，尤其是稻田养殖发展迅速，既有精养、两茬养殖，又有混养、套养和笼养。河蟹养殖在江苏、浙江、湖北等地得到空前发展。淡水虾的养殖品种由原来的罗氏沼虾当家发展为以南美白对虾为首，青虾、罗氏沼虾紧随发展的格局。

养殖爬行类以鳖为首。近几年特别是黄喉拟水龟的养殖发展势头很猛，特别是在南方各省尤其是广西、广东和海南等省区，黄喉拟水龟的家庭养殖迅猛发展，价格扶摇直上，带动了其他龟类如草龟、金头龟、鹰嘴龟的养殖；金钱龟以其每千克数万元的价格一直是神秘而又让人着迷的养殖对象，但因其高昂的价格和难得的种苗让普通养殖者望而却步，养殖只是在小范围中进行。

由于近年来化肥农药的大量使用，环境遭到较大的破坏，两栖类的养殖日渐兴起，主要养殖对象有美国青蛙、古巴牛蛙和虎纹蛙，其中，又以虎纹蛙的养殖发展最快，主要是由于虎纹蛙养殖病害少、肉味鲜美、消费者消费心理指向所致。预计虎纹蛙的养殖将会得到较大的发展。大鲵养殖有升温趋势，但因其养殖条件要求高、养殖周期长、苗种价格高、人工繁殖困难等，短时间内难有大的发展。

淡水特种水产养殖虽然经过10多年的平稳发展，养殖品种增多、养殖技术提高、产量增加，但是也存在有不可忽视的问题。

（1）养殖技术有待提高。淡水特种水产养殖品种多，养殖发展历史不长，缺少专门的研究机构和研究人员，技术封锁现象普遍，导致生产中很多的技术问题特别是病害防治技术只凭生产者个人经验处理，技术水平低下。

（2）特种水产饲料研究落后。由于对特种水产养殖对象的基础研究不足，难以生产出适合其生长发育需求的针对性饲料，饲料专一性不强。

（3）部分特种水产养殖对象种苗难解决。大多数特种水产养殖对象对环境的要求较为特殊，适应性弱，生殖能力低，导致种苗难以解决，表现最为突出的是鳗鲡、金钱龟、娃娃鱼等。

（4）投机与跟风养殖现象严重。少数早期开发养殖者故意夸大品种的开发利用价值，抬高价格，炒卖种苗，更为恶劣的是少数人从国外进口劣质种苗高价倒卖给养殖者，获取暴利。部分群众趋利心理迫切，盲目跟风，梦想一夜暴富，在既不懂养殖技术，又不会管理甚至基本条件都不具备的情况下从事特种水产养殖，盲目上马，造成血本无归。因此，养殖户要在充分考虑各种因素是否适合的前提下，选择养殖技术成熟、市场前景广阔、经济效益高的优良品种，切忌片面追求新、奇、特的养殖对象。

（5）小户分散养殖，抵御风险能力低。目前，特种水产养殖的一大特点就是小户散户养殖，没有形成规模化生产，无法打造品牌，降低了抵御风险的能力。

（6）渔业水域环境污染日趋严重，造成养殖对象病害频繁发生，经济损失严重。

二、特种水产养殖的发展趋势

随着我国经济发展，人民生活水平的普遍提高，消费者对优质水产品的消费，一方面需求量加大，另一方面质量要求增高。因此，如何养殖出质量更好、产量更高、品种更多样化的淡水特种水产品，是今后的发展趋势，具体来说，要在以下几方面下工夫。

（一）改善养殖环境，开展生态养殖

绝大多数特种水产养殖对象在自然条件下生活在水质清洁的环境中，造就其优良品质。人工养殖时由于片面追求高产量，养殖密度大，水质污染严重，导致发病率高，产品质量下降。未来将更加重视模拟生态环境条件开展生态养殖，净化养殖环境，实现养殖产品的优质化和高值化，保证淡水特种水产养殖业持续稳定发展。

（二）加大对种苗生产力度，优化种质资源

针对目前部分养殖对象种苗难解决、种质退化的问题，要深入研究养殖对象的生物学特性，掌握其生殖规律，开展半人工繁殖、仿生态繁殖；加大对优质品种的选育力度，进一步优化地方品种，发展杂交育种技术、单性化育苗技术、工厂化育苗技术等，保障种质和种苗供应。

（三）研制专项饲料，推广使用无公害饲料和药品

加大对特种水产养殖对象营养需求的研究，研制出针对性强的优质配合饲料，不使用受污染的饲料和霉变饲料；在疾病的防治上，重点推广使用高效、低毒、低残留的药品，重视中草药的开发应用，采取综合措施和生态学方法防治特种水产动物病虫害，严禁使用禁用药品。

（四）养殖产业化，打造品牌

通过建立合作社，采取公司＋农户的经营模式，把分散无序的小生产户组织起来，根据市场需求组织适度规模生产，统一养殖种苗和饲料、统一养殖技术、统一养殖形式，生产出规格与质量相近的产品，统一品牌销售，获取规模效益。

（五）不断开发地方特色品种和引进国外优良品种驯化养殖

我国幅员辽阔，具有地方特色的淡水经济动物很多，今后将会加大对宜养经济动物的生物学研究，开发更多适宜养殖的新品种。同时，也将会加大与世界各国的交流，引进适应我国生态环境条件和消费者需求的养殖对象，促进我国淡水特种水产养殖业的发展，满足消费者的需求。

第二章　黄喉拟水龟

龟是一种古老的动物，依靠坚硬的甲壳保护和特殊的生理机能，在自然界已经生活了2.5亿年。龟在分类上属爬行纲、龟鳖目、龟科，是变温动物，广泛分布在陆地、海洋和淡水中，种类较多。龟是一种珍贵的生物资源，具有药用价值，全身都是宝，如龟膏有补血、强肾的功效；龟肉营养丰富，味道鲜美，长期食用能增强人体免疫力，有延年益寿的作用。随着生活水平的提高，人的保健意识增强，对龟的需求必然越来越旺盛。但由于环境条件的限制，加之人的酷捕，龟的野生资源已近枯竭，龟的养殖必有更为广阔的发展前景。龟的养殖品种较多，而黄喉拟水龟既是食用的中高档龟，也是重要的观赏养殖对象，市场需求旺盛，养殖技术比较成熟，是龟养殖对象中的佼佼者。

黄喉拟水龟，又称石龟、黄喉水龟、水龟、香龟、黄龟、石金钱龟等，分类上隶属龟鳖目、龟科、拟水龟属，分布在我国两广、海南、云南、贵州、福建、浙江、安徽、江西、湖北、台湾等省（自治区）以及东南亚，是经济价值较高的淡水养殖龟类，是华南地区主要养殖龟种。黄喉拟水龟肉味鲜美、汤味香甜、风味独特、具有较高的食用价值。龟板还是上等的药材。黄喉拟水龟性情温和，外观憨厚可爱，体表无异味，是培植绿毛龟的主要基龟，而且繁殖率较高，繁、养殖技术容易掌握，生长较快，又集美食、药用与观赏于一身，成品在我国粤、港、澳等地区深受欢迎，市场需求量较大，是当前龟类养殖的热门品种。

黄喉拟水龟对环境条件的要求不高，养殖要求简单，可在房前房后、阳台和室内建池养殖，还可用盆、桶养殖，具有占地面积小、设施简易、管理方便、饲料来源广、饲养成本低、收益大等优点。

黄喉拟水龟分南方种群和北方种群两种：南方种群以越南、广西一带出产的为主，市场上称为“广西拟水龟”、“越南石龟”或“南种拟水龟”，其生长速度快，个体大，可长到2千克以上，广受养殖户的欢迎，是目前两广和海南等地主要养殖品种。江浙一带的黄喉拟水龟被称为北方种群，其生长较南方种群缓慢，个体较小，一般为500克左右，很少超过750克。因而南方种群是养殖首选，亲龟和苗种的价格远高于北方种群。

一、生物学特性

（一）形态特征

黄喉拟水龟外部形态特征可以分为头、颈、躯干、四肢和尾5个部分。身体呈扁椭圆形，前部较窄，后部较宽，头中等大，吻较尖突，头背光滑无鳞，呈黄橄榄色或黄色、浅黄色，头的腹面、喉部黄色。口内无齿，颚缘有角质喙。脖子细长，眼睛细小，眼后至鼓膜有1条细小的黄色纵纹。背甲棕黄色或棕黑色，背部略为隆起，有3条纵棱，中央脊棱突起明显，两侧两条棱模糊。背部边缘整齐，后部略成锯齿状。腹甲浅黄色，每一盾片外侧有棕黑色、呈放射状的斑纹，也有少数腹甲全为浅黄色，腹甲略比背甲小，边缘较硬，雌性腹甲平坦，雄性沿腹甲中线具纵凹陷。四肢扁圆，上有宽大的硬质鳞片，指、趾间有蹼，长有锐利的爪，前肢5只、后肢4只，爪尖而有力，行动缓慢。尾巴短而细小。黄喉拟水龟甲壳坚硬，形状、质地有如石头，因而也有“石龟”之称（图2－1）。

图2－1　黄喉拟水龟

（二）生活习性

黄喉拟水龟是用肺呼吸的淡水水栖龟类，野外生活在河流、湖泊、沼泽、稻田、池塘中，生性胆小温和，活动、摄食、交配在水中进行，在陆地泥沙中产卵。也常到附近的灌木及草丛中活动，只要附近有水源，可以长时间在岸上生活和捕食。有群居的习性，常几十只一起活动，行动较慢，其嗅觉发达，听觉不敏锐。遇到敌害或惊扰时会潜伏水中，将头、四肢、尾巴收缩到坚硬的甲壳内躲避。对饥饿的耐受力很强，在没有食物的情况下，可以几个月甚至一年不摄食也不被饿死。对温度变化适应能力较强，温度过高或过低时有夏眠和冬眠的习性，以度过酷暑和寒冬。生长适温范围为20～32℃，最适生长温度为25～30℃，在此温度范围内摄食强度大，生长快。当温度超出适温范围时活动、摄食减少，生长变慢。温度高于35℃或低于15℃以下时静伏水底，不吃不动进入夏眠或冬眠状态。

在自然条件下，黄喉拟水龟的生长期短，生长缓慢。在春季水温高于16℃以上时从冬眠中苏醒出来活动，水温稳定在20℃以上时开始摄食。生长期在各地不一致，海南省达10个月以上，在两广地区为7～8个月，北方地区生长期则更短。在自然环境中，从孵化出壳长到食用规格要5年以上；在人工养殖条件下，食物充足时，一般3～4年即可达到1千克左右的上市规格。如果进行加温养殖，2 年左右便可达到商品规格。

黄喉拟水龟是以动物性饲料为主的杂食性动物，在自然环境中以小鱼、虾、螺蛳、河蚌、黄蚬、水蚯蚓、蝌蚪、水生昆虫、蚯蚓等一些小型动物为食，也摄食鲜嫩瓜果蔬菜。人工养殖时主要投喂鱼、虾、黄粉虫、蝇蛆、水蚯蚓、蚯蚓、禽畜内脏等动物性饲料，也可投喂部分米饭、面包、面条、青菜、水果等。大规模养殖时以投喂专用配合饲料为主。

黄喉拟水龟为体内受精、卵生，一年多次产卵动物。自然条件下，6 ~ 10 冬龄才长到性成熟，人工养殖时约需 3 ~ 4 年即可达性成熟并开始产卵。亲龟在生长适温范围内在水中进行交配。每年的 4 ~ 10 月产卵，每年可产卵 2 ~ 3 次，每次产卵 2 ~ 8 枚，一般年产卵 4 ~ 15 枚，卵呈长椭圆形，灰白色，卵重 10 ~ 20 克，平均 14 克左右。产卵行为多在晴天的夜晚进行，产卵前，雌龟爬上岸边沙滩，选择湿度适宜、土质疏松、无积水、有安全感的地带挖穴产卵，产完卵后，再扒沙盖好后才离开。卵子在沙中自然孵化，在 28 ~ 32℃时孵化期 65 天，温度变化较大的地区，孵化时间可长达 100 天以上。

二、饲料种类

（一）天然饲料

小鱼虾、水蚯蚓、蚯蚓、蚕蛹、黄粉虫、蝇蛆、螺蛳、河蚌、黄蚬、禽畜下脚料、水生昆虫等动物性饲料，是龟生长最重要的营养来源。植物性饲料主要有豆饼、花生饼、菜籽饼、各种瓜果、蔬菜、浮萍等。植物性饲料单独投喂效果不好，主要是作为配合饲料的组成部分而少量搭配。

（二）人工配合饲料

人工配合饲料是根据龟在不同生长发育阶段对各种营养物质

的需求，将多种原料按一定比例配合加工而成。营养全面均衡，动植物蛋白的配比合理，能量与蛋白的比例适宜，并添加了龟需要的维生素、矿物质和诱食剂等，能满足龟在不同生长发育阶段对各种营养物质的需求，生产效益好，是规模养殖的主要饲料。

三、人工繁殖

自然条件下，黄喉拟水龟的性成熟时间较长，产卵量少，受精率和孵化率低，不能满足养殖需要。在人工养殖条件下，黄喉拟水龟能提早成熟，产卵量增加，受精率和孵化率提高，可根据生产需求开展人工繁殖生产苗种。

（一）亲龟的选择

亲龟最好从自然水域中捕捉，后代体质好，生长快，但数量很少，难以满足生产需求。也可从人工养殖的已达性成熟的商品龟中选择，最好从没有血缘关系的龟群中分别选择雄龟和雌龟，保证后代有优良的遗传性状。要求亲龟活泼健壮，体形完整、无病残、无畸形，体色正常、体表光亮，皮肤无角质盾片脱落，双眼有神，头颈转动、伸缩自如，四肢、尾巴收缩有力，体重750克以上，成熟良好。

1. 亲龟挑选时间

最好在每年龟从冬眠中苏醒几天后或即将进入冬眠前进行，在此时间内，运输、放养比较适宜，不易受伤。

2. 亲龟雌雄区别

性成熟的雌性躯干略短呈椭圆形，背甲隆起较高，外观体形较厚，腹甲平坦，尾粗短，泄殖孔圆形、较宽，且距离腹甲后缘较近；雄性个体躯干较长，背甲隆起相对较低，外观体形略扁，腹甲中央具一纵向凹槽，尾细长，基部较粗大，泄殖孔超出腹甲较远。

（二）亲龟养殖

1. 养殖池的建造

亲龟池要求建在环境僻静，背风向阳，水源充足，水质良好，排灌方便，无环境污染，土质保水性能好，交通方便，供电正常的地方，满足龟的繁殖要求。亲龟池可以是水泥池，也可以是土池。

水泥池面积以 50～100 平方米为宜，分蓄水池、活动场、产卵场三部分。最低处为分深水区和浅水区的蓄水池，蓄水池水深 30～40 厘米，并逐渐向作为投饵及龟活动场的中间部分倾斜，构成浅水区域；投饵及龟活动场在水面以上，并在活动场上种植一些植物遮阳；最上部分为产卵场，上铺放粒径 0.5～0.6 毫米、厚度 30～40 厘米的细沙。产卵场建在养殖池向阳的一侧，高出水面 30 厘米以上，宽 40～60 厘米，深 20～30 厘米，长度、面积根据池子的形状和亲龟的数量而定，一般占全池面积的 1/15～1/5，每只雌龟配产卵沙池 0.1 平方米左右。产卵场设 30°的斜坡与龟活动场相连，便于亲龟爬到产卵场产卵。龟池四周用砖石或地板砖等砌成高 50 厘米的防逃墙。进、排水口设在池子相对的边上，进、排水口安装铁丝防逃栏栅。产卵场上搭棚遮阳、挡雨。水池中放养水葫芦，约占池面的 1/4～1/3（图 2－2）。

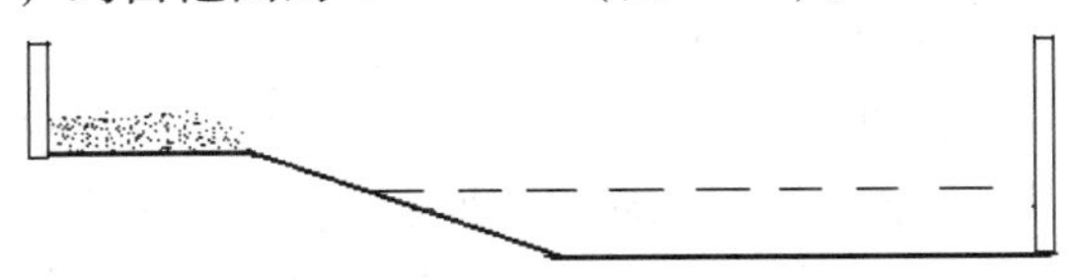

图 2－2 亲龟池

土池面积以 1～2 亩，池深 2 米，水深 1.3～1.5 米为宜。坡比 1∶3，坡岸四周留 1～2 米宽的空地供亲龟活动，四周设 50 厘米高的防逃墙。每 200 平方米池子设面积为 5～8 平方米的亲龟晒背台 1 个、饲料台 1 个，饲料台与水面呈 15°～30°倾斜，上半部高出水面20厘米。池中种植占总水面的20%~25%的水葫芦。在向阳一侧池边设产卵场，产卵场高出池水面50厘米，宽1~2米，面积保证每只亲龟占有不少于0.1平方米，产卵场内铺放粒径0.5~0.6毫米、厚度30~40厘米的细沙，产卵场上搭棚遮阳、挡雨。

2. 放养前的准备

新建的水泥池应在使用前用水浸泡2~3次去除水泥的碱性。养过龟的旧池，在放养前用20克/立方米高锰酸钾溶液浸泡消毒30分钟，用清水冲洗干净后加水备用。土池按每立方米水体用生石灰200克泼洒消毒，7天后池水毒性消失即可放养。疏通进排水口，安装防逃设备，在水面种植水葫芦。

3. 亲龟放养

在亲龟产卵前，选择天气晴朗时放养，一般放养密度，水泥池为3~6只/平方米，土池为1~2只/平方米。雌雄比例为（2~3）：1。亲龟在放养前用15克/立方米高锰酸钾溶液浸泡消毒30分钟。

4. 养殖管理

（1）投喂。为促进性腺发育，提高产卵量和卵子受精率，要求提供营养价值高、数量充足的饵料。亲龟以投喂动物性饲料为主，如新鲜小鱼虾、活蚯蚓、蚕蛹、黄粉虫、蝇蛆、螺肉、蚌肉、蚬肉、禽畜下脚料、水生昆虫等，投喂的食物要求新鲜、易消化，钙质高，保证营养，满足其性腺发育的需要。为平衡营养，提高产卵率和受精率，可以适当投喂配合饲料，并在配合饲料中拌入钙粉、骨粉和维生素E、瓜果、蔬菜、浮萍等。每天投喂2次，分别是8：00~9：00和16：00~18：00投喂，饵料放在活动场的食台上，日投喂量，鲜活饲料占龟体重的4%~6%，配合饲料占2%~3%，以喂后2小时左右吃完为宜。坚持定时、定位、定质、定量投饵。

（2）日常管理。在生长季节，每3~5天注入新水1次；坚持天天清扫食台残饵；每15天左右每立方米水用生石灰20克或漂白粉10克对水泼洒1次；每天需认真观察龟的活动、取食情况，注意天气、温度、水质的变化；防止鸭子、老鼠进入亲龟池；发现病龟应及时隔离，及时诊断，及时治疗。

（三）交配与产卵

1. 产卵前的准备工作

黄喉拟水龟属变温动物，由于每年的温度、光照不同，因此，每年初始产卵时间不尽相同。在每年亲龟产卵季节到来前，要对产卵场进行清理。除去杂草、烂叶，翻松、整平沙池；产卵场周围种植一些遮阳植物，使龟有一个安静、隐蔽、近似自然的产卵环境。产卵期间，要定期洒水，保持产卵场沙土含水量适宜。

孵化房用福尔马林加热熏蒸消毒，或用2克/立方米的强氯精喷洒消毒，杀灭房中有害昆虫；孵化用沙清洗干净后在太阳下暴晒至干。采用的孵化用沙最好粒径在0.6毫米左右，太小通气性能差，容易板结，造成卵缺氧而使胚胎死亡；太大则保水效果不好，含水量不易控制。产卵场和孵化房均要防止鼠、蛇、猫等动物进入。

2. 交配

每年4~10月是龟进行交配产卵期，交配多在晚上进行。交配前，雄龟不断地追逐雌龟，促使雌龟发情。交配时，雄龟先用后肢去踏雌龟尾巴，然后进行交配。交配时间约为10分钟。精子在雌龟体内保存1年以上仍具有活力，可成功地使龟卵受精。

3. 产卵

一般亲龟在每年4~8月产卵。天气状况直接影响产卵时间，阴雨天气时，15：30左右就有雌龟产卵；晴朗天气时，雌龟一般在17：30时左右开始产卵。日产卵高峰期通常集中在

18：00～21：30，凌晨1：00左右产卵基本结束。

龟产卵前用后肢交替刨土，刨成一个口径为5～10厘米、深5～8厘米的洞穴，然后将卵产在其中。整个产卵时间为20～40分钟。产卵完毕，雌龟用后肢将刨开的土填回洞穴中，用腹甲将沙土压紧，尽量不露痕迹，然后离开爬回水中。龟无护卵行为。初产龟产卵量少，多数只有1～2枚。雌龟产卵时要保持环境安静。

（四）龟卵收集

产卵季节，每天定时检查产卵场，发现产卵痕迹时做好标记，24小时后就可以挖沙收集。采卵时间以6：00～7：00或17：00～18：00为宜，避免阳光暴晒及雨淋。收卵时，先用手小心扒开产卵场的沙土，发现卵粒后轻轻取出，将有乳白色斑的一端朝上，轻放在垫有湿润海绵或细沙的托盆中，盖上海绵或细沙，运回孵化房孵化。整个收卵过程要小心操作，避免震动或摇晃。卵子收集结束后要平整沙土，适当洒水。

（五）龟卵孵化

龟卵孵化所需的时间与孵化温度呈负相关，温度升高，孵化时间缩短。由于黄喉拟水龟无特定的性别染色体，性别分化由孵化环境温度来决定，温度低时，所孵出的龟雄性占优势；温度高时，所孵出的龟雌性占优势。据资料报道，在25℃时孵化出的稚龟，雄性率为76.3%；在33℃时，雌性子代占94.7%；在29℃时，雌雄比达到平衡，雌雄性率各为50%。由于雌龟的生长速度快，外观好，提高孵化温度孵化出更多的雌龟对生产有利。

1. 孵化设施

龟卵的孵化设施主要有孵化房、控温设备、孵化箱等。孵化房面积和孵化箱的数量由生产规模决定。孵化房用水泥、砖建成的平顶房，在相对的两面上分别开设门、窗；孵化箱一般采用塑料箱、木箱或泡沫箱，规格为60厘米×40厘米×20厘米，箱底设若干小孔滤水。孵化房内用木头搭架，孵化箱放置在架子上。孵化房内安装加温或降温设备及控温仪等配套设备。

2. 孵化介质

在自然条件下，龟把卵产在泥沙中孵化。人工孵化时，可用粒径为0.5～0.6毫米的河沙或用1/4的泥和3/4河沙混合作孵化介质，保温、保水、通气性能较好。要求泥沙清洁、干净。孵化介质在使用前放至太阳下暴晒干燥。使用时洒上干净的水，使含水量（重量比）8%～10%，以手抓成团、松手散开为宜。

3. 卵粒摆放

先在孵化箱上铺一层5～8厘米厚的孵化介质，把卵粒整齐地排放在孵化介质上，卵粒间距离为2～3厘米，再盖上5厘米厚的孵化介质，贴好标签，注明日期、数量，放进孵化房中孵化。

4. 孵化方法

孵化方式有常温孵化和恒温孵化两种。

常温孵化指把卵粒放置在自然温度下进行孵化，不需加温但要加湿。由于温度不稳定，昼夜温差大，孵化时间较长，孵化率低。恒温孵化指利用加温设施，控制室内温度30℃左右、空气相对湿度在82%～90%进行孵化。恒温孵化由于温度、湿度适宜，可以缩短孵化时间，提高孵化率。生产上一般规模较大时用恒温孵化，卵粒量少时用常温孵化。

5. 孵化管理

（1）受精卵的鉴别。卵刚产出时难以鉴别是否受精，产出3天后，可看到受精卵卵壳上出现一个清晰的圆形、不透明的乳白色斑点，随着时间的增加，白色斑点逐渐扩大，最后形成一圈乳白色环带包围卵腰，即是受精卵；未受精卵不出现白色斑点，全卵呈半透明的米黄色或有不规则的斑点。

（2）温度控制。受精卵孵化时间除受到卵的质量影响外，主要受到环境温度的影响，环境温度主要通过调节龟卵的胚胎发育速率，从而影响孵化时间。孵化时间与孵化温度成负相关，随着孵化温度的升高，龟胚胎的发育速率明显加快，孵化时间相应缩短。但当孵化温度高于33℃时会导致稚龟畸形率升高；而当孵化温度低于25℃，胚胎发育减缓甚至发育停滞，都降低了孵化率。

黄喉拟水龟龟卵孵化的适温范围为23～34℃，最适孵化温度为28～31℃。在最适温度范围内孵化成功率高，稚龟质量好。因此，在受精卵进行恒温孵化时，将孵化温度调节在最适温度范围内，可获得最佳的孵化效果。当孵化温度低时用白炽灯加温，如果孵化房面积较大，还可用锅炉烧水循环加温；当温度过高时可采取通风和遮阳降温。

（3）孵化湿度调节。受精卵在孵化过程中需要保持一定的湿度，孵化介质的湿度对龟的胚胎发育有一定的影响。在一定湿度范围内，龟卵的孵化成功率随着湿度的增加而升高。但如果孵化介质含水量过高，会影响胚胎与外界的气体交换，造成胚胎缺氧死亡，降低孵化率；反之，当孵化介质含水量过低时，透气性增加，严重时会造成胚胎缺水死亡。

孵化过程中孵化介质含水量以8%～10%为宜，空气相对湿度在80%～85%。一般每天用喷雾器喷水1～2次，喷水后用手疏松表层孵化介质，增加透气性。

（4）通风换气。夏秋高温季节，如温度过高，白天可打开门窗通风换气，晚上关闭门窗。

（5）防敌害。孵化房中安装捕鼠器，房子四周设防蚁水沟，防止蛇、鼠、蚂蚁等进入孵化房危害龟卵。

6. 稚龟出壳与暂养

黄喉拟水龟受精卵的孵化期较长，温度28～32℃时，孵化时间约为65天。当胚胎发育成熟后，稚龟会用头、前肢顶破卵壳并自行从壳中爬出到沙面。刚孵出的稚龟体重约为8～10克。稚龟出壳后，将稚龟转移到底部垫有干净湿布或湿润河沙的盆中暂养，2～3天后卵黄吸收完毕、稚龟脐带收敛，将稚龟小心的转入水盆中，用3%～4%的盐水浸泡消毒5～10分钟，然后用水深1～2厘米的清水暂养，并投喂熟蛋黄、碎猪肝，每日换水一次，暂养5～7天后可放入稚龟养殖池中养殖。

四、龟的养殖技术

（一）稚龟培育

稚龟培育是指将刚出壳的龟苗养殖到次年5月，养成体重50克左右的过程。刚出壳的稚龟身体细嫩，摄食能力弱，对外界环境的适应能力较差，必须进行精心的培育。

1. 稚龟池建造

培育池最好建在室内，一般用砖石砌成，水泥抹面，面积1～5平方米，池深40厘米，养殖时深水区水深3～5厘米，以淹过龟背为宜。池子建成长条形，分为深水区、浅水区和陆地三部分，要求池壁平整、光滑，池底平坦并由浅水区向深水区倾斜，陆地占池子面积的10%～20%，与水池浅水区通过斜坡相接，方便稚龟上岸晒背、休息。养殖池中放养约占水面1/3的水葫芦，为稚龟提供隐蔽的场所。饵料台设在水池浅水区与陆地相接处的平台上，也可用木板在水面上搭建，一半在水中，一半在水下，方便稚龟摄食并及时清理残剩饵料。水池进水口开在浅水区，排水口设在池中央或深水区一侧，以保证排水顺畅，能带走粪便、残饵。进、出水口要设防逃栅。为了防止老鼠等敌害进入池中捕食稚龟，最好在稚龟池上设置铁丝网罩。也可用水缸、塑料盆、泡沫箱养殖。室外养殖池必须搭遮阳棚降温。

2. 稚龟放养

（1）放养前的准备工作。稚龟放养前要先对养殖池进行清洗、消毒后注水3～5厘米，种植水葫芦。如果是新建的水泥池，还要经过去碱处理。从暂养池转出或从外地购回的稚龟，下池前先用20克/立方米的高锰酸钾溶液或3%～4%的盐水浸泡消毒10分钟。

（2）稚龟选择。选择质量好的稚龟养殖。质量好的稚龟规格整齐，体质健壮活泼，体色鲜艳，体表光洁，双眼有神，无病无伤无畸形，非近亲繁殖后代。不购买病龟、畸形龟和来源不明的稚龟养殖。

（3）放养密度。与养殖方式、放养时间、养殖技术水平、养殖条件等有关。一般稚龟放养密度以70～100只/平方米为宜。

3. 饲养管理

稚龟体质嫩弱，必须保证供给充足的优质饵料，做好日常管理工作，防止病原体的侵袭和敌害生物的侵害。

（1）投饵。饲料以动物性饵料如小鱼、虾、螺、蚌、蚯蚓、水蚯蚓、鸡鸭肝脏、熟蛋黄、黄粉虫等为主，兼喂植物性的瓜果、蔬菜及谷物等，也可以投喂稚龟专用配合饲料。除水蚯蚓投喂活饵外，其他动物性饲料要绞成肉糜投喂，提高适口性。配合饲料用水拌成软硬适中的团块投喂。如在配合饲料中添加肉糜制成团块投喂，效果更好。

做到“四定”投喂。一般日喂2次，分别是8：00～9：00和16：00～17：00各投喂1次。日投喂量，配合饲料为龟体重的4%～6%；鲜活料为5%～8%，一般不超过10%，根据水温、天气和龟摄食情况灵活掌握，以投喂后30分钟内吃完为宜。活饵投入水中让稚龟摄食，肉糜和配合饲料投放于饲料台上。所投喂的饲料必须新鲜、适口、营养价值高，不喂腐烂、霉变、适口性差的饲料。

（2）日常管理。每天注入新水 1 次，先换水后投喂，室内养殖池水深保持在 3 ~ 5 厘米，室外养殖池要适当加大水深，防止水温过高；天黑前清扫食台残饵；平时认真观察稚龟的活动、摄食情况；防止老鼠等敌害进入稚龟池；发现病龟应及时隔离、诊断，对症用药治疗。

4. 越冬期间加温养殖

为了加快稚龟生长，提高养殖成活率，越冬期间可通过人工加温的方式，使水温保持在 25 ~ 30℃，稚龟不进入冬眠期，保持正常的生长。方法是当进入冬季，气温、水温下降时，将室外饲养的稚龟移入室内水池，在稚龟池上方搭建塑料薄膜保温棚，用锅炉烧水加温或用温泉水、工厂余热水通过循环管道加温。加温饲养期间，正常投喂饲料，投喂方法与过冬前一致。换水时要注意注入的水与池水温差不能超过 3℃；每天至少揭开薄膜换气 1 次。

一般 8 ~ 10 月孵出的稚龟，经过一个冬季的加温养殖，次年春季体重达到 50 克以上，可转入成龟养殖阶段。

（二）成龟养殖

把体重 50 克左右的幼龟养殖 2 ~ 3 年，养成 1 千克左右的上市规格，称为成龟养殖。在成龟养殖阶段，由于龟的抵抗能力增强，最好进行常温养殖，以保证商品龟的品质。

1. 成龟池建造

可采用水泥池或土池养殖。水泥池的建造和亲龟养殖池基本一致，但面积根据生产规模而定，在 2 平方米以上，池深 0.5 ~ 1.0 米，不设产卵沙池。水泥养殖池可建在室内，方便管理。

2. 稚龟放养

（1）放养时间。在黄喉拟水龟的生长期均可放养，但最好在稚龟越冬结束后，当春季水温上升并稳定在 15℃以上时放养，让龟提早适应新的生活环境。

（2）放养密度。与养殖方式、放养幼龟的规格等有关，露天常温养殖放养密度，幼龟体重50克左右时可放15~20只/平方米；100克左右时可放10~15只/平方米；200克左右时可放8~10只/平方米。

如果是土池养殖且面积较大水较深时，为了控制池水肥度，可适当混养鱼类，进行龟鱼混养，主要以鲢、鳙鱼为主，一般每亩水面可放养鲢鱼150尾，鳙鱼100尾，草鱼50尾，鲤鱼100尾。

3. 饲养管理

（1）投喂。小规模养殖为了加快生长速度，以投喂鱼、虾、贝、螺、蚌、蚯蚓、黄粉虫、蚕蛹、蝇蛆、水陆生昆虫及各种动物内脏和下脚料等动物性饲料为主，兼喂少量植物性饲料和人工配合饲料；大规模养殖以投喂龟专用配合饲料为主，兼喂动物性饲料。做到“四定”投饵。每天投喂2次，早、晚各一次；饵料放在陆地食台上；日投喂量：鲜活饵料为龟体重的4%~5%；配合饲料为龟体重的2%~3%，以投喂后2小时内吃完为宜，具体视天气、水温、龟的摄食情况酌情增减。不投喂腐败和霉变饲料。

成龟的生长季节主要在每年的5~9月，最适生长水温为25~30℃。在这段时间内，气温、水温较高，光照充足，龟的代谢最为旺盛，生长最快，此时应喂足喂好，保证营养供应，促进龟的生长。

（2）注水。室内小面积养殖池水质较易变坏，要每2天左右换水1次，保持水深30~40厘米；室外大面积土池养殖，每10~15天注入新水1次，水深保持在1.5米左右。当水质过肥时要及时换水，换水前先排干池水，清洗饲料台，清除池内污物、残饵，然后注入新水。

（3）日常管理。每天早晚、投饵前后巡查龟池，观察龟的活动、摄食情况，注意天气、温度、水质的变化；检查有关设施，做好防敌害、防逃、防盗工作，发现问题及时处理；每天清除残剩饲料，并将食台清洗干净，保持龟池环境的卫生；定期检查、测定生长情况，作为调整投喂量的依据；做好防病、治病工作，发现病龟应及时诊治；龟、鱼混养时饵料分开投喂，龟饲料必须投在岸上，防止鱼类抢食；铲除池塘周边杂草，堵塞蛇、鼠洞，防范蛇、鼠敌害。

五、龟的越冬管理

黄喉拟水龟是变温爬行动物，当水温下降到 15℃时潜伏水底进入冬眠状态，不吃不动不生长，此时要做好越冬管理工作，提高越冬成活率。目前，越冬的方式主要有自然越冬与温室越冬两种，一般稚龟采用加温越冬，越冬方法如稚龟养殖所述；成龟的抵抗力较强，采用自然越冬。越冬前 2 个月加强管理，喂足脂肪含量较高的动物性饲料，让龟积累足够的营养物质抵御越冬期间能量的消耗，提高越冬成活率。选用避风向阳、环境安静的养殖池作越冬池，龟进入越冬池前排干池水，在池中放入一层干净的沙土，方便龟掘穴冬眠；用高锰酸钾或生石灰水溶液对越冬池进行消毒。如果当地气温太低，可在水池上方覆盖薄膜保温，保持越冬水温不低于 5℃。龟在冬眠时不用喂食，保持环境安静，少注或不注水，保持水位稳定。

六、龟的运输

由于龟用肺呼吸，又有坚硬的背甲和腹甲保护，运输较为简单，成活率也高。

（一）稚龟运输

运输工具有泡沫箱或小塑料桶。方法：先在泡沫箱或小塑料桶中垫入湿润的毛巾、海绵，装入稚龟，用水草塞满空间，防止翻滚。盖好，即可运输。注意盖子上要预留透气孔换气，装入稚龟的数量不要太多，防止挤压受伤。

（二）成龟运输

成龟的运输可采用干法运输。盛装成龟的工具一般采用网袋、箱、笼、筐、尼龙袋等，将龟装好后就可运输，适用各种运输工具。但在夏秋季节气温较高时运输，要做好防晒降温工作，龟不宜暴露在阳光下，并尽量保持龟所处环境温度不超过30℃，盛装龟的工具要通风透气，保证有充足的氧气供应。长途干运时，每隔3小时在龟表面喷1次水，以防缺水引起龟不适。雌亲龟运输时，应垫上柔软的海绵或纸皮等防震。龟在运输前最好不要投喂饲料。

七、病害防治技术

（一）穿孔病（疖疮病）

（1）病原。细菌感染引起。

（2）症状。病龟初期在背甲、腹甲、颈部、四肢等处出现小疥疮，疥疮逐渐扩大，病灶中间为乳白色或黄色；病灶四周发炎充血、隆起，将疥疮揭去，可见一个孔洞，严重时可见到肌肉；病龟颈部收缩困难，头很难缩回，食欲减退、消瘦。

龟的饵料单调，营养不全面，缺乏维生素、微量元素或养殖密度大、卫生条件差时容易发病。流行季节是春季和秋季，流行水温为25～30℃，冬季温室中养殖的龟到也出现此病。

（3）防治方法。用生石灰泼洒消毒，使养龟水体酸碱度保持在7.0～8.5，降低发病率；全池泼洒二氧化氯，使池水浓度成0.2～0.3克/立方米；用3%～4%食盐水浸洗龟体15～20分钟消毒；病龟用卡那霉素（或庆大霉素）注射治疗：每千克体重腹腔注射20万国际单位，注射后暂养隔离池中，5～6天后，如果病情没有明显好转，用同样剂量进行第二次注射；人工挤出病龟病灶内容物，用5%的盐水清洗患处，用四环素等抗菌素软膏涂抹病灶。

（二）大脖子病

（1）病原。嗜水气单胞菌。

（2）症状。病龟的咽喉部和颈部肿胀，充血发红，颈部不能缩回甲内；腹甲有红斑，皮下充血，周身水肿，严重时眼睛浑浊失明，舌尖出血，口、鼻流血；病龟背甲失去光泽呈暗黑色，反应迟钝，不摄食。解剖可见病龟肝、脾脏肿大，颈内、腹腔内充满黏液。多数病龟口腔黏膜、胃肠黏膜有出血现象。

本病在稚龟、幼龟及成龟中均可发生，多数病龟在上午、中午上岸晒背时死亡。水温为18℃以上即可发生，延续整个生长季节。

（3）防治。黄喉拟水龟放养前用生石灰消毒池子，养殖过程中定期使用二氧化氯消毒池水，用量为0.2～0.3克/立方米，或用三氯异氰脲酸（强氯精）对水全池泼洒，用量为0.3～0.5克/立方米；病龟治疗可用卡那霉素（或庆大霉素）注射治疗：每千克体重腹腔注射20万国际单位，同时内服药饵：用黄柏、大黄、黄芩按3：5：2的比例混合煮水拌饲料内服，每千克体重用3～6克，连续1周。

（三）白眼病

（1）病原。细菌感染引起。

（2）症状。病龟眼部发炎充血，眼睛肿大；眼角角膜和鼻黏膜糜烂，眼球外表被白色分泌物盖住。患病后，病龟爱上岸栖息，常用前肢摩擦眼部，行动迟缓，不再摄食，张口呼吸，并伴有啸鸣声，不时吐出黏稠痰液。严重时，病龟眼睛失明，最后龟体衰弱而死。有些病龟在发病初期仅有一眼患病，如不采取措施治疗，另一只眼很快也出现症状。

春、秋、冬季均有发生，水温 18℃ 以上为流行盛期，尤以 9～11 月发病较多，危害最严重。发病后传染力强，感染率高，可达 30% 以上，不及时发现和治疗，可并发其他疾病。主要危害稚、幼龟，成年个体患病，病情一般较轻，不会引起死亡。水质不良、饲养管理不当、密度大及养殖水平低时容易发病。

（3）防治。预防措施主要是加强饲养管理，改良水质，提供充足鲜活饵料，增强龟的抗病力；定期用二氧化氯或强氯精消毒池水。对病龟要进行隔离治疗：用链霉素（或卡那霉素）腹腔注射，每千克体重腹腔注射 20 万国际单位，如果病龟已经停止摄食，每只患病幼龟加用 0.5 毫升葡萄糖与药物一起注射；同时每天用浓度为 40 克/立方米的二氧化氯溶液浸洗病龟 5～10 分钟；发病池全池泼洒二氧化氯，使浓度为 0.2～0.3 克/立方米，每天一次，连续 3 天。

（四）肠胃炎

（1）病原。点状气单胞菌、大肠杆菌等。

（2）症状。病龟行动迟缓，常在岸边活动，摄食量减少甚至停止摄食，肛门红肿，粪便稀烂不成形，呈红褐色或黄褐色，有黏液或血脓，有恶臭味。肠道充血发炎呈红褐色，肠中有血脓。

夏秋高温季节是本病的主要流行期，多发生在摄食量大、进入快速生长阶段的幼龟、成龟。投喂不正常，时饱时饿，投喂不新鲜乃至变质的食物，或投喂未经完全解冻的冷藏食物；长时间不换水、水质不良、气候反常、温度骤降等，均可引发此病。

（3）防治。预防措施主要是搞好养殖环境卫生，改善养殖水质；做好投喂工作，保证投喂食物的质量，投喂的食物应新鲜无污染、无腐败变质，冰冻冷藏过的食物提前解冻，吃剩的残饵及时清除；投喂鲜活饵料如水蚯蚓、蝇蛆等一定要经过消毒。治疗要内服外用并举：内服药物，按每千克体重用10%的氟苯尼考200毫克，或用土霉素75毫克，或用诺氟沙星35毫克拌饲料投喂，连续3~5天；外用三氯异氰尿酸对水全池泼洒，用量为0.3~0.5克/立方米，每天1次。

（五）腐皮病

（1）病原。气单胞菌、假单胞菌和无色杆菌等。

（2）症状。病龟体表糜烂或溃烂，病灶部位可发生在龟颈部、四肢、背壳以及尾部等处，严重时，组织坏死，形成溃疡。有的病龟局部皮肤变白或有红色伤痕，爪脱落，四肢的骨骼外露。

本病主要是龟体受伤，继发性感染病原菌所致。从稚龟到亲龟都会患病，以稚龟、幼龟发病率高。水温20℃以上即可流行，水温越高，发病率越高。

（3）防治。预防措施主要是改良水质和进行水体消毒；治疗：全池泼洒二氧化氯，使浓度为0.2~0.3克/立方米，每天一次，连3天；或用浓度为10克/立方米的链霉素溶液浸洗病龟48小时，隔天重复1次，连续浸洗3~5次；或每千克病龟腹腔注射用卡那霉素20万国际单位。

（六）水霉病

（1）病原。水霉属、绵霉属、丝囊霉属等真菌。

（2）症状。在患病部位有大量灰白色棉絮状菌丝体寄生，严重时菌丝体厚而密并不断扩展，病龟活动迟缓，食欲减退，影响生长，严重的龟体瘦弱而死亡。

本病是因为龟体搬运、放养等受伤，霉菌动孢子感染寄生于伤口而发病。在越冬期间，如幼龟患病则可造成大批死亡，成龟也会患病，一般死亡率不高，但影响生长。秋末到初春低温时最易发病。

（3）防治。预防措施主要是防止龟体受伤，在搬运、捕捉、放养时操作小心，不要使龟体受伤。一旦受伤，可用利凡诺1∶1 000浓度水溶液涂抹伤口40～60秒，每天一次，暂放隔离池，干燥饲养。治疗：全池泼洒亚甲基蓝，使池水浓度成0.1～0.2克/立方米，连续2～3天；或用五倍子煮水全池泼洒，用药量为2～3克/立方米；也可用升温方法治疗：将病龟放入3%～4%食盐溶液浸洗5～10分钟，再转入温室饲养，每天逐渐升高水温5℃，最后水温达到30℃，5天后，水霉死亡而脱落。

（七）缺钙症

（1）病因。由于长期投喂单一饲料，饲料中维生素D、钙等含量不足，或饲料中钙、磷比例失调引起；室内养殖，光照不足时引起骨骼发育不正常，骨质疏松，软骨。

（2）症状。病龟的背甲隆起，骨关节粗大，背甲、腹甲较软，甚至指、趾、爪脱落。有时龟壳畸形边缘向上翻卷，背甲有凹陷。

主要发生在生长发育较快的幼龟、成龟阶段，稚龟发病率更高，亲龟主要表现为产软壳蛋。

（3）防治。投喂营养丰富的全价配合饲料，适当添加骨粉、蛋壳粉、贝粉或钙片，鱼肉应连骨头一起搅碎投喂，不能单喂精肉。亲龟在产卵前一个月，饲料中适当添加骨粉和复合维生素，兼投喂鲜活动物性饲料。

（八）水质恶化中毒

（1）病因。饲养水体长期不换水，或没有及时清除饲料残渣、粪便，造成水质污染，有机物质含量过高，缺氧分解产生氨、硫化氢、甲烷等使龟类中毒。

（2）症状。病龟头伸水面呼吸，身体直立水中挣扎，不久即死亡。在池边可以嗅到腥臭味或臭鸡蛋的恶臭味。

室内养殖池特别是在加温养殖期间，由于空气流通少，光照弱，如果长时间不换水，极易引起水质恶化。

（3）防治。经常换水保持水质清新富氧，每天清除残饵可防止本病的发生；发病后迅速将原池水排掉，注入清洁的富氧水，或将龟转移到无污染的水体养殖。

（九）烂尾病

（1）病因。食物单调，营养不全面，缺乏维生素或某种微量元素等引起斗咬，咬断尾巴；或因喂食时，食物粘染龟体，招致其他个体咬食受伤；饲养密度大、卫生条件差及管理跟不上时容易发病。

（2）症状。尾巴灰白，尾巴烂、断，或尾部被其他个体从末端咬断，出血。病龟爬上岸边或角落处，不吃不动。主要危害稚、幼龟，成龟较少发病。病龟死亡率不高但影响商品价值。

（3）防治。在饲料中添加复合维生素，增加营养。把断尾个体分开养殖，并用紫药水涂抹患处后干放30分钟，每天2次，连续3～5天，待伤口收敛、愈合后再放回原池养殖。

第三章　鳖

鳖，又称甲鱼、团鱼、圆鱼、水鱼、王八等，是一种水陆两栖野生动物，我国绝大部分地区均有分布。鳖在分类上属于爬行纲、龟鳖目、鳖科、鳖属。鳖科在我国有2属3个种，即鼋、山瑞鳖和中华鳖。鳖属有中华鳖和山瑞鳖。中华鳖身体较山瑞鳖扁薄，背部光滑无黑斑，无疣粒，一般呈暗绿色；腹部灰白色，少数为黄白色。山瑞鳖的身体比较肥厚，平均个体比中华鳖重，行动缓慢；背部呈深绿色，有黑斑，大部分背甲有基本一致的疣粒，尤以后半部裙边较多，背甲前缘有一排明显的粗大疣粒；腹甲为白色且布满黑斑；颈基部两侧各有一团瘰疣。鼋属只有1种鼋，是鳖科中体形最大的品种，其特征是吻端极短，不到眼径的一半。山瑞鳖和鼋是国家保护动物。

鳖肉是味道鲜美的滋补品，还具有药用价值，有滋阴补血、益心肾、清热消瘀、健脾胃等功效，深受消费者喜爱。由于鳖的生长缓慢、繁殖力低，加之环境污染、生态平衡被破坏和人们过度捕捉等原因，野生资源日趋枯竭，故发展鳖养殖有广阔的前景。

一、生物学特性

（一）形态特征

鳖体形略呈圆形或椭圆形，背腹扁平状，身体背面呈灰黑色或墨绿色、个别黄绿色、茶褐色，腹面为乳白色或灰白色、黄白色，腹甲上有暗红斑。全身分为头、颈、躯干、四肢和尾五部分。头粗大略呈三角形，吻尖而突出，吻端有一对鼻孔与后部短管相通；眼小。口较大，位于头的腹面，无颌齿，但颌缘有角质硬鞘，可咬碎食物。颈部长而有力，伸缩、转动灵活，头、颈均可全部暂时缩回壳内。躯干部宽而短、扁平，背面近圆形或椭圆形，背甲稍凸起，腹甲呈平板状，背腹甲的侧面由韧带组织相连；背腹甲外层有柔软的革质皮肤，称裙边。尾部较短，雌性个体尾部达不到裙边，雄性尾部稍伸出裙边外缘。鳖的四肢扁平粗短，位于躯体两侧，能缩入壳内；前肢五指，后肢五趾。指和趾间有发达的蹼膜，趾端有钩状利爪，协助捕捉食物（图 3－1）。

图3－1　鳖

（二）生活习性

鳖是用肺呼吸的两栖爬行动物，主要栖息在江河、湖泊、水库、池塘以及溪流中，喜欢水质干净的泥沙环境，时常在沙滩上、岸边树荫下、岩石边或水草茂盛的浅水地带活动、觅食，一般是昼伏夜出。

鳖的主要呼吸器官是肺脏，在水中栖息活动时，必须定时浮到水面进行呼吸。在水中潜伏的时间可长达 6 小时以上。喜静，稍受惊动会迅速潜入水底。鳖的性情凶残好斗，常常为争夺食物、配偶及栖息场所而自相残杀，一旦遇到侵害会迅速伸长头颈攻击捕捉者。鳖的活动一般都在晚上，但在天气晴朗时，喜欢爬上岸或在水面漂浮物上晒背，促进体内钙质的合成，并杀死附着在体表的寄生虫和其他病原体。

鳖对水温变化较敏感，适宜生长温度为20~35℃，最适生长温度为27~33℃。当水温降至20℃以下时，代谢强度降低，15℃以下停止摄食，12℃开始潜伏于泥沙中，10℃以下将整个身体全部埋入泥沙中冬眠，冬眠期间不食不动。次年春季水温上升至15℃以上时，鳖才从冬眠中苏醒过来开始活动，2天后开始觅食，20℃以上时逐步转入正常生活。当水温超过35℃时，便会潜居在树荫下或水草丛生的遮阳处避暑。

一年中适宜鳖生长的时间短，生长速度较慢，在自然界里长到500克左右的商品规格需要的时间，长江中下游地区需3~4年，华南沿海及海南地区需2~3年，华北、西北和东北地区则需4~6年。人工养殖条件下可加快生长速度。

（三）繁殖习性

鳖是雌雄异体、体内受精、营卵生生殖的动物。我国大部分地区，鳖的性成熟年龄为4~5龄，北方地区需要5~6年，华南沿海地区只需3年，海南省2年即可达到性成熟。春季水温达15℃左右时，鳖逐渐从冬眠中苏醒，当水温升至20℃以上时，达到性成熟的鳖开始发情交配，发情时雄鳖和雌鳖戏水追逐，然后雄鳖爬到雌鳖背上，并用前肢抱持雌鳖的前部，尾部下垂，与雌鳖的泄殖口接近，进行交配。交配季节为4~10月份。经第一次交配后2~3周，部分雌鳖便开始产卵，在北方大部分地区为6~8月份，华中、华东地区为5~8月份，华南地区为4~9月份，海南省为3~10月份。鳖产卵一般在午夜或黎明时进行，产卵时雌鳖从水中爬上岸寻找的产卵场产卵。产卵场最好是不湿不干的沙土，用手一捏可以成团，而一碰即散，直径为0.6毫米左右的沙粒，保水和透气性较好。鳖确定了产卵地点后就用前肢刨土挖产卵穴，穴的直径为5～8厘米，深10～15厘米。洞穴挖好后，雌鳖将卵产入穴中，产完卵后，用后肢把挖洞穴掏出的泥沙再填回到洞中，将洞口盖好，并用腹部把沙土压平，使产卵场不留下明显痕迹。卵子在沙中自然孵化。

二、饲料种类

鳖是以动物性饵料为主的杂食性动物，食性广而杂，性贪食。在自然条件下，稚鳖摄食大型浮游动物、水蚯蚓、摇蚊幼虫、水生昆虫、小鱼、小虾等。幼鳖与成鳖喜欢摄食螺蛳、黄蚬、河蚌、泥鳅、鱼、虾、蝌蚪、动物尸体等，当动物性饵料不足时，鳖也能吃幼嫩的水草、瓜菜、谷类等植物性饵料。人工养殖时，还可投喂动物内脏、小鱼虾、蚯蚓、蝇蛆、黄粉虫、蚕蛹、人工配合饲料。

三、人工繁殖技术

（一）亲鳖池的建造

用于养殖已达到性成熟并用于繁殖后代的雄鳖和雌鳖的池塘叫做亲鳖池。

为了满足亲鳖性腺发育和产卵的需要，亲鳖池应建在光照充足、环境安静的地方。亲鳖池由池塘、休息场（兼设饲料台）、产卵场、防逃和排灌设施等部分组成。

亲鳖池面积以500～2 000平方米，池深2～2.5米，水深1.8～2米为宜。要求池底平坦，并铺一层0.3米左右的松软沙土，以利于鳖的潜沙栖息和越冬。鳖池四周用砖或石块砌成高0.5米、内壁光滑的防逃墙，防鳖攀爬逃逸。在鳖池向阳一侧或中央修建占亲鳖池面积10%～20%的休息场，供亲鳖上岸晒背休息。休息场上设置饵料台。进排水口安装铁丝网防逃（图3－2）。

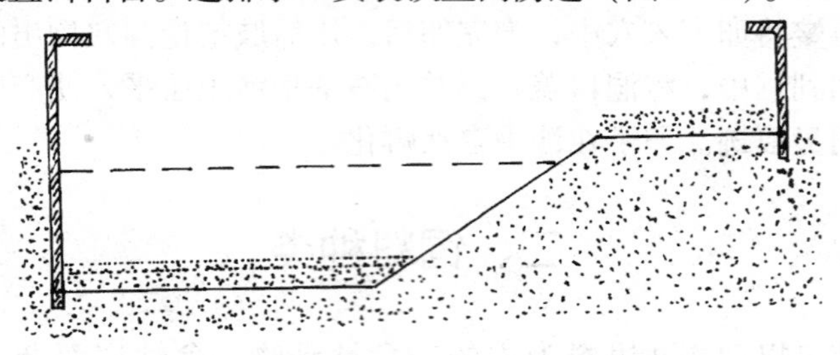

图3－2　亲鳖池

为了给亲鳖提供产卵场所，亲鳖池还要在地势较高、地面略有倾斜、背风向阳的一边修建沙质产卵场。修建产卵场一侧，从池底到堤面的坡度为30°，便于亲鳖爬上产卵场产卵。产卵场面积要根据亲鳖放养数量而定，通常按每只雌鳖占0.2平方米的面积。产卵场沙土厚度为0.3米左右。在产卵场上方覆盖遮阳网或在四周种植植物，防止阳光直射，为鳖提供隐蔽、凉爽、湿润的产卵环境。

（二）亲鳖的来源与选择

1. 亲鳖的来源

亲鳖的来源途径有两种：一种是从自然水域中捕获野生鳖，另一种是从人工养殖的鳖种群中挑选。野生鳖体质强壮，繁殖力强，近亲繁殖机会少，子代体质好，生长快。但难以获得较大的数量，难以组织实施大规模生产。人工养殖的鳖，年龄易掌握，亲鳖数量充足，但近亲繁殖的概率相对增加，易引起优良种质性状的退化。生产上在选择亲鳖时，可选择野生雄或雌鳖与人工养殖的雌或雄鳖配组繁殖，以防止近亲繁殖，提高苗种质量。

2. 亲鳖的选择

（1）年龄。选择达到性成熟年龄的鳖做亲鳖。东北地区为6龄以上，华北地区为5～6龄，长江流域为4～5龄，华南亚热带地区为3～4龄，海南省则为2～3龄。但由于刚达性成熟的鳖初次产卵数量少，卵小，受精率不高，因此，最好选择性成熟后2～3年以上的鳖做亲鳖，这种鳖繁殖能力强，子代质量好。

（2）体重。亲鳖个体的大小直接关系到所产卵子的质量和数量。作为亲鳖，个体重量至少在1千克以上，最好达到1.5～3千克。

（3）体质。亲鳖必须体色正常，皮肤光滑完整，肥满健壮，裙边肥厚、坚挺，背甲后缘有皱纹，无病无伤残；腹甲呈灰白色，全身无红白斑、糜烂点、溃疡等病灶；颈部不肥大、无充血现象；行动活泼，放入池内能迅速潜入泥沙中。

3. 鳖的雌雄区别与配比

鳖的雌雄区别：雌雄鳖最明显的区别在于它们的尾部不同，雄鳖尾部长而细，长度超出裙边；雌鳖尾部短而粗，长度达不到裙边。

根据鳖的生殖特性，雌雄比例以（4～5）∶1为好。

（三）亲鳖培育

1. 亲鳖池的消毒

放养亲鳖前必须对亲鳖池进行消毒，杀灭池中的各种病原体、敌害生物，改良底质，改善水质条件，为亲鳖创造一个良好的生活环境。常用的消毒清塘的药物是生石灰。清塘药物毒性消失后即可放养。

2. 亲鳖放养

各地亲鳖放养时间不一致，以水温为标准，当春季水温上升到15～17℃时是亲鳖放养的最佳时间，这时水温相对不高，鳖的活动能力不强，运输和放养不易受伤，亲鳖下塘后经过一段时间的适应即可交配产卵。在越冬前水温降至15℃前放养，有利于鳖的越冬。

亲鳖放养密度，应根据个体大小和池子条件而定，亲鳖个体小，水质好可适当多放。一般以每平方米放养1～2只为宜。雌雄比例为（4～5）：1。

3. 饲养管理

（1）投喂。亲鳖在不同的阶段对营养的需求不一致。在产前和产后需要投喂高蛋白低脂肪的饲料，饲料中蛋白质的含量要求占40%～50%，脂肪含量在1%以下，并且要以动物性蛋白质为主。越冬前脂肪含量要提高至3%～5%，让亲鳖积累较多的脂肪越冬。在繁殖季节，由于亲鳖产卵需要消耗大量的钙、磷等，饲料中应适当添加钙、磷和维生素。

亲鳖冬眠结束后，当水温上升到18℃左右时，就要开始投喂少量的饲料，每2～3天投喂一次，主要投喂鱼、虾、河蚌、螺蛳、蚯蚓等鳖喜食的鲜活饲料，水温达20℃以上时每天投喂一次，在一天中温度最高时投喂；水温在27～33℃时，鳖的食欲旺盛，生长和发育最快，要喂足喂好，满足其营养需求，每天9：00～10：00和14：00～17：00各投喂1次。饲料投在食台的水位线之上，方便鳖的摄食，又利于检查摄食情况和及时清除残饵。饲料的投喂量，配合饲料每天的投喂量为鳖体重的1.5%～3%，鲜活饲料的投喂量为10%～20%。一般以投喂后2小时内吃完为宜。

为了增加鲜活饵料，可往亲鳖池中投放螺蛳，每亩水面一次性投放300千克左右。

（2）日常管理。主要是水位的调节、水质的控制、防病、防害等工作。

亲鳖池的水位在春、秋季节控制在0.8～1.2米，夏、冬季节控制在1.5～2米，在一段时间内要保持水位相对稳定。每周注水1次，每月换水1次，保持水质清新富氧，水色呈淡绿色或茶褐色，透明度30～40厘米为宜。当水质过肥过浓时要及时换水。注水时注意不要有流水声响，尤其在亲鳖的交配、产卵期。

每天要打扫食台，清除残饵，保持水质和周围环境的清洁。每15～20天泼洒生石灰水1次，每立方米水体用生石灰10～15克对水泼洒，消毒鳖池，增加水中的钙质。经常巡池，发现病鳖要隔离治疗，发现防逃设施损坏要及时修补。

（四）亲鳖的发情产卵

春季当鳖从冬眠中苏醒，经过一段时间的培育，水温达到20℃左右时，亲鳖开始发情交配，多在下半夜至黎明前后进行，在池边浅水区，雄鳖追逐雌鳖，然后雄鳖爬到雌鳖背上完成交配过程。水温稳定在22℃以上时，约1周后就有部分雌鳖开始产卵。水温28～30℃是亲鳖产卵的最适宜温度。水温超过35℃时，产卵基本停止。如果产卵场泥沙板结，鳖挖穴困难，产卵量也会减少。

雌鳖每年产卵窝数、每窝卵数均与亲鳖的个体大小和营养状况有关。雌鳖个体越大产卵越多，一般每只雌鳖年产卵3～5窝，每窝卵数少则几个，多则20个以上。

（五）人工孵化技术

1. 卵子收集

每天早上在产卵场根据雌鳖产卵留下痕迹，查找产卵窝，如果发现四周有松动沙土，中间有一块地方平整光滑，那么该处就是鳖的产卵窝。发现卵窝后就在旁边插上标记，待鳖卵产出8～12小时后即15：00以后再收卵。因为如果收集过早，卵子胚胎尚未定位，卵的动物极与植物极不易分清，是否受精无法确定。

鳖卵收集时可采用浅木箱收运。箱底铺一层细沙，用以固定卵粒。收卵时动作要轻，用手轻轻地将卵窝上的沙土拨开，取出鳖卵子，将鳖卵动物极（白色亮区）朝上，整齐地排列在卵箱中。鳖卵采收完毕后，应将卵穴重新填平压实，以便鳖再次前来挖洞产卵。

收集到的卵子在孵化前要先检查是否受精，方法是：受精卵的卵壳色泽光亮，一端有一圆形的白点，白点周围清晰光滑，随时间推移越来越大；如果卵子没有白点，或白点不规则，轮廓不清晰，又不随时间的推移而扩大，该卵就是未受精或发育不良的卵。把当日收取的受精鳖卵，标明产卵时间，送孵化器孵化。

2. 孵化

在自然条件下鳖受精卵的孵化时间较长，孵化率不高。为了提高孵化率，缩短孵化时间，可在人为控制的温度和湿度下孵化。

（1）孵化的环境条件。主要是温度和湿度。

①温度：鳖受精卵胚胎发育所能耐受的温度为 22～36℃，最适温度为 30～35℃。在 30℃时，约需要 50 天孵出稚鳖；在 32～33℃，45 天左右孵出稚鳖。22℃以下胚胎停止发育，37℃以上胚胎脱水死亡。

②湿度：鳖受精卵孵化的空气相对湿度维持在 80%～85%，孵化沙的含水量保持在 8%～12%，即手紧握沙能成团，一碰即散为好。鳖卵孵化用沙以粒径 0.5～0.6 毫米为宜，保水、透气性适中。

（2）孵化方法。根据生产规模选择适当的孵化方法。

①常温孵化：小规模生产可在室内常温孵化。制作一些长 0.5 米、宽 0.3 米、高 0.2 米的孵化箱，箱的数量根据需要而定，用木板制成，箱的底部设滤水孔若干。箱底先铺细沙 5 厘米厚，然后排放卵，卵粒之间距离 2 厘米左右，盖上 3～5 厘米厚的细沙。孵化箱放在室内木架上让其自然孵化。为了在孵化过程中保温、保湿并利于观察，可在孵化箱上覆盖玻璃或透明的塑料薄膜。

②恒温孵化：小批量生产可用恒温箱孵化。恒温箱可用鸡苗孵化器改装而成，体积为 0.2～0.5 立方米，箱内有隔板 5～8 层，每层放沙盘 1 个，可同时孵化 1 000～2 000枚受精卵。温度

控制在33℃左右，空气相对湿度90%，孵化期40天左右。

大型养鳖场必须建恒温孵化房，面积20平方米左右。安装自动控温装置等。孵化房中设木架，架上放孵化盘，盘规格为60厘米×60厘米×10厘米，用木板制作。盘内装细沙，每盘放卵500枚，一层层放在木架上，孵化房1次可孵化3万枚卵。温度控制在33℃，空气相对湿度80%。

（3）孵化管理。每天早、中、晚各检查1次空气和沙子的温度，当温度达35℃以上时，应做好通风降温工作。恒温孵化则要检修设备，防止故障。每天要检查空气和沙子的湿度，每隔1～2天喷水1次，保持孵化沙床湿润。但沙不能太湿，否则影响透气。

在稚鳖出壳前1～2天将卵上沾的沙除去，以利于稚鳖顺利出壳。刚出壳的稚鳖有趋水性，如果是用小型木制或塑料孵化盘，则在出壳前1～2天将其架在大盆上，盆中盛水3～5厘米，底部铺2～3厘米厚的消毒细沙，稚鳖出壳后落入盆中，任其自行潜入沙内。规模较大的孵化室，孵化盘用架子叠放，出壳前2～3天将孵化盘从上层移到最下层，以便出壳的稚鳖安全落到架子下面的水槽内。稚鳖出壳时间大多在凌晨前。出壳8～12小时开始投喂熟蛋黄，每80～100只稚鳖投喂1个蛋黄，每天喂2次，吃完后换水。如此暂养2天后可移放到稚鳖池中培育。

孵化过程中要注意防止老鼠和蚂蚁对卵、稚鳖的危害。

（4）孵化期间注意事项。主要有下面4个方面。

①为了使稚鳖出壳时间相对集中，要求同批孵化的鳖卵产出日期相隔在3～5天内；②孵化30天内的胚胎对震动较为敏感，孵化期间鳖卵尽量避免翻动和震动；③鳖卵孵化过程中要防止蛇、鼠和蚂蚁等天敌危害；④刚出壳的稚鳖比较娇嫩，应在浅水盆内暂养2～3天，再移放稚鳖池内饲养。

四、人工养殖技术

（一）稚鳖培育

将当年孵化出壳、体重3克左右的稚鳖养殖2～5个月，养成8～15克重，称为稚鳖培育。

1. 稚鳖培育池

稚鳖池多建在室内，采用砖石水泥结构，池底及四周用水泥抹面。面积一般10～30平方米，池深0.5～0.8米，养殖水深0.2～0.5米。池中用木板或水泥板架设一面积为1～3平方米、平行于水面的可升降的活动食台，四周倾斜入水10厘米、与水面约成30°角。食台是稚鳖摄食的场所，也是休息的场地。或在池子向阳面设斜坡作为稚鳖休息处和饵料台。池的四周建高0.3米左右的防逃墙。进、出水口分设在池子两端，安装铁丝网防逃；池底铺细沙10厘米左右。

2. 放养前的准备工作

对往年养殖用过的池子，放养前先用水冲洗干净沙子，排干水暴晒数天至沙干燥，修补好排注水口等防逃设施，即可注水30厘米左右；在鳖池放养少量的水葫芦、水浮莲等水生植物作为隐蔽物。

3. 放养密度

一般放养密度为40～50只/平方米，换水、保温条件较好的池子放养密度可达80～100只/平方米。稚鳖放养前先用3%～4%食盐水浸泡10～15分钟消毒；调节好放养池的水温，与原池水温差不超过2℃。

4. 饲养管理

（1）投饵。稚鳖摄食能力差，对饲料要求严格，要求选用新鲜、营养全面、适口性好、蛋白质含量高、脂肪含量低的饲料。开始时投喂浮游动物、水蚯蚓、摇蚊幼虫、熟蛋黄等。一周后可投喂新鲜的猪肝、绞碎的鲜鱼肉及动物内脏、蚯蚓等，最好能投喂稚鳖专用配合饲料。不喂脂肪含量过高和盐腌过的饲料。

做到“四定”投喂。饲料投在固定的食台上，开始时食台放在水面下 2 厘米左右，部分饲料浸入水中，方便稚鳖摄食，以后慢慢抬高食台，直到完全露出水面，可防止饵料散失。每天喂 2 次，分别是 9：00 和 17：00 各投喂 1 次，每天投喂量为鳖体重的 5% ~10%，具体视摄食情况而定。饲料要求新鲜适口、无腐烂发臭、无霉变现象。

（2）日常管理。主要有水质与水温调节、分养和防病等工作。

①水质调节：每 1 ~2 天注水 1 次，3 ~5 天换水 1 次，每次换水量为水体总量的 1/3 左右，水色呈黄绿色或黄褐色，透明度在 40 厘米左右为好。在生长期，每 20 天每立方米水体用生石灰 10 克对水全池泼洒。

②水温调节：水温 30℃ 左右时稚鳖摄食旺盛，生长迅速。因此，前期水温处于上升阶段，浅水有利于升温，秋末水温下降，则要加深池水保温。高温季节水温达 35℃ 以上时，要做好防暑降温工作，可加深池水，室外养鳖池还要搭设遮阳棚，或投放一些水葫芦等水生植物遮阳降温，净对水质。越冬期间，可将稚鳖移入室内，采取增温措施，使水温保持在 25 ~30℃，延长生长期，有利于提高稚鳖的越冬成活率。

③分养：由于稚鳖出壳时间不同以及个体差异，饲养一段时间后，会出现明显的个体大小不一现象，如果不及时分养，会引起撕咬受伤，降低成活率。在生产上，当出现较明显的个体差异时就要及时分规格专池养殖，同池养殖规格基本一致的稚鳖。

④病害预防：定期换水，并用生石灰消毒池水；投喂的饲料要新鲜、适口，无腐烂霉变现象，兼喂一些富含维生素的饲料；

注意防止老鼠、蛇、鸟、家禽等的危害。

5. 越冬

稚鳖个体较小，对外界环境的适应力差，越冬期间如果管理不善会造成死亡。因此，在稚鳖养殖过程中要喂足喂好，加强饲养管理，增强体质，确保安全越冬。当冬季水温降到15℃左右时，在室外养殖的稚鳖就要及时转入室内越冬池内越冬，或者在池子上搭设塑料保温棚保温，使棚内温度保持在5℃以上。越冬期间如遇到高温天气，要揭膜通风降温；如遇严寒，要采取加温措施，尽量保持越冬水温不大起大落，影响稚鳖越冬。

（二）幼鳖培育

1. 幼鳖培育池

幼鳖池可建在室外，土池或水泥池均可。面积50～200平方米，池深0.8～1.2米，水深0.5～1米。池底铺细沙15～25厘米。在池子一侧设置斜坡，池边留出面积为池水面积的1/5左右的休息场，便于幼鳖栖息、晒背和摄食。饵料台设在休息场上，饵料台上方用帘子遮阳。防逃墙高0.4米，内壁光滑，墙的顶端向池内伸出10～15厘米的檐。

2. 幼鳖放养

放养前的准备工作同稚鳖养殖。放养密度，一般体重10克以上的幼鳖放养量为5～10只/平方米；体重在10克以下的10～15只/平方米。同池放养规格基本一致的幼鳖，随着鳖的生长，饲养过程中要按个体大小分池调整饲养密度。

3. 饲养管理

（1）投饵。以动物性饲料为主。开春后水温上升到16℃以上时开始投喂。开始时每天12：00点左右投喂1次；水温升至20℃以上时，幼鳖的摄食量增多，要加强投喂；当水温在27～33℃时，幼鳖食欲特别旺盛，生长速度快，要强化投喂，日喂2次；入秋后水温逐渐降低，幼鳖摄食量减少，投饵量要减少，此时可适当投喂脂肪含量较高的饲料，如动物内脏和鲜蚕蛹，增加幼鳖的脂肪积累，提高越冬成活率。做到“四定”投饵。一般每日投干饲料量为鳖体重的3%～4%，鲜活饲料则为10%～20%，以投喂后2小时内吃完为适。

（2）日常管理。幼鳖池保持水深50～60厘米，每3～5天换水1次，使池水透明度保持在30～40厘米左右。每15～20天泼洒生石灰1次，10～15克/立方米，调节水体酸碱度，消毒池水。盛夏高温，可在水面种植水葫芦或在池子四周种植藤蔓植物遮阳降温。冬季加大水深到1米左右，幼鳖对低温抵抗能力较强，能自然越冬。

（三）成鳖养殖

把幼鳖养成商品鳖的过程。

1. 成鳖养殖池

成鳖池可以是土池也可用水泥池。水泥池面积50～200平方米，建在室内或者建于室外的塑料棚中，方便进行成鳖的保温、加温养殖。池的四周用砖砌，水泥抹面，池底用混凝土铺面，池深1.5米左右，蓄水深度1米左右，池壁顶端向池内伸出15～20厘米的檐。池底铺细沙20～30厘米。食台和晒背、休息场可用水泥板、木板搭设，面积占池水面积的10%～20%。

土池可用鱼池改造而成，面积500～2 000平方米，池深2米以上，水深1.5～2米，池底铺沙土30厘米。池塘向南一侧池埂倾斜，埂顶宽0.5～1.5米，作为鳖晒背、摄食和休息的场所，面积为水面的20%左右。池的四周建0.5米高的防逃墙，墙顶要向内伸出15～20厘米。养殖池的进、排水口安装铁丝制作的防逃网。

2. 放养前的准备工作

在放养前10～15天用生石灰或漂白粉按常规进行清池消毒。对旧养鳖池要认真检查防逃设施，新建水泥鳖池需注水反复浸泡去碱，经15天后方能使用。

3. 放养时间

我国南北地理差异大，放养时间拟以当地水温为准。当春季水温上升并稳定在15℃以上时即可放养，提早放养可充分利用生长期。

4. 稚鳖放养

选择优质稚鳖放养。质量好的稚鳖，体质健壮、规格较整齐、无伤残，腹板为灰白色或带有黑色花斑，如将其背面朝下能立即翻转，反应灵活；质量不好的稚鳖，规格大小不一，身体瘦弱，有水肿，发红、发白斑或糜烂点，颈部肥大或有溃疡灶等。放养时要对鳖体消毒，常用食盐与小苏打（1∶1）合剂1%浓度浸泡30分钟。

放养密度与养殖方式、稚鳖规格、饲养管理水平等有关。

常温露天养殖，稚鳖规格为50～100克的，放养密度为5只/平方米，150～200克的为3～4只/平方米；常温鱼鳖混养，稚鳖规格为50～100克的为2～4只/平方米，150～200克的为1～2只/平方米；塑料棚保温养殖和室内加温养殖，稚鳖规格150～200克的为6～8只/平方米。

5. 饲养管理

（1）投饵。以投喂鱼虾、螺蚌肉、动物内脏等动物性饲料为主，适量投喂些豆饼、花生饼与瓜菜，动、植物性饲料一定要合理搭配。用配合饲料和鲜活饵料混合投喂较好，人工配合饲料干重与鲜鱼肉、螺、蚌、蚯蚓、动物内脏等天然饵料湿重的比例为1∶（2～4），然后再添加1%～2%的切碎蔬菜、3%～5%的植物油，充分混匀后揉成团状或软颗粒即可投喂。按照“四定”原则投喂。

日投饵率，一般干饲料为鳖体重的1%～3%，鲜活饲料为8%～15%，具体每天投喂量视鳖的摄食情况而定，以投喂后

2～3 小时内吃完为适度。生产上，当水温稳定在 30℃左右、天气晴朗，鳖的摄食活动旺盛，要适当增加投喂量，在阴雨天则需酌情减少。露天池养殖时，如遇到阴雨连绵天气，最好在食台上方搭设遮雨棚。室外养鳖池中，在鳖摄食和生长的最适水温范围内（6～9 月），要喂足喂好，加速鳖的生长。当冬季水温降至 18℃时，鳖的摄食活动逐渐减弱，此时可停止投喂。加温养殖池在越冬期间，只要水温适宜，要按正常投喂。

饲料要投在固定的食台上，一般每亩水面设 5～7 个，或按每 100 只鳖设食台 1 个，一半浸入水中，一半露出水面。鲜鱼肉、螺、蚌、蚯蚓、动物内脏等饲料可直接投在水面下，配合饲料投在水面上。投喂时间应相对固定，早春和晚秋时，可每天 15：00～16：00 投喂 1 次。盛夏时节，每天 9：00 和 16：00 各喂 1 次。

（2）水质调节。随着水温的升高、投饵量增加，残饵和排泄物污染池水，使水质恶化、溶氧量不足，直接影响到鳖的生长发育和对疾病的抵抗能力。因此要做好水质调节工作，加温养殖池尤其要注意。

①池水肥度调节：池水呈油绿色或绿褐色、透明度 30 厘米左右，有利鳖的隐蔽，防止和减少鳖互咬。若池水过瘦，可适当施一些腐熟的有机肥。如遇水色过浓，应及时注入新水。池中套养一定数量的鲢、鳙鱼、罗非鱼等，有利于降低池水肥度。

②水温调节：常温露天池养殖成鳖，可依照季节变化及时控制水位，调节和保持适宜生长水温的相对稳定。成鳖池水位一般控制在 1 米左右。在春、秋季节气温不稳定时，应适当加深水位；初夏季节水温达 25℃时，可适当降低水位；盛夏季节水温达 35℃左右时，应加深水位到 1.5 米以上，还可在水面种植占水面 1/3 的水浮莲、水葫芦等遮阳降温。

在加温养殖时，要注意控制好温度，防止水温过高或过低或水温迅速波动。

③定期消毒池水：定期消毒池水，可预防和减少鳖病的发生。一般每隔15～20天，每亩水面用生石灰25～30千克对水全池泼洒，既能消毒池水、调节水质又能满足鳖和饵料生物对钙质的需求。

（3）日常管理。在生产季节，要勤巡池，观察鳖的活动、摄食与生长情况。及时清除残饵，清洗、消毒食台，保持池水环境卫生；监测水质，及时掌握水温变化，在盛夏高温季节要做好防暑降温措施；加温养殖在冬季加温期间，如遇严寒天气要增加热量供应，防止水温剧烈变化；如遇高温天气要减少或停止热量供应并揭开部分塑料薄膜降温；定期检查与加强防逃措施；发现疾病及时治疗。

五、捕捞与运输

（一）鳖的捕捞

据资料，鳖体重达到0.7千克左右时，生长速度就会明显减慢，国内消费者也喜欢购买0.5～0.75千克重的商品鳖，因此，当鳖达到0.7千克左右时要及时捕捉上市。捕捞时要小心操作，勿使鳖体受伤而影响其商品质量。

捕捉方法：把池水排干，白天鳖会钻入泥沙中难以发现，但到了晚上，鳖会爬出来，此时用灯光照明可大量捕捉。次日用齿长15厘米、齿间宽10厘米的木质齿耙逐块翻开泥沙进行最后的搜捕，这种捕捞法适用于捕捞成鳖。

鳖颌缘的角质硬鞘比较锋利，捕捉时要注意防止被咬伤。

（二）活鳖运输

1. 稚鳖运输

（1）使用工具。塑料箱或木板箱，规格一般为60厘米×40

厘米×15 厘米，箱底和四周均设通气小孔。

（2）方法。运输前，先在箱底铺上一层水草（如浮萍、水葫芦、水浮莲、切断的水花生等），放鳖后再覆盖一层水草，其上淋一些水。每箱可装稚鳖 500～600 只。

（3）运输管理。运输途中要注意保持稚鳖身体湿润，每隔 1 小时左右喷水 1 次；同时，注意防止稚鳖逃出。如果气温过高，还可在箱体周围放置冰块降温。鳖运到目的地后，如果运输箱内的温度与池水温度不一致，不要立即将鳖放入池中，而是先消除温差。可用池水喷洒鳖几次，或连同容器一起放入池中降温，待鳖适应后，再将其缓缓放入池中，以免鳖突然受温差应激而生病，甚至导致死亡。

2. 成鳖运输

（1）使用工具。塑料桶或木桶，规格为 100 厘米×60 厘米×50 厘米，桶底钻几个小滤水孔。

（2）方法。鳖在运输前先进行清洗，并用 20 毫克/升的高锰酸钾溶液浸泡消毒 10 分钟。每桶可装鳖约 20～30 千克。用少量水草覆盖。

（3）运输管理。高温季节，运输途中要经常淋水降温，保持鳖身体湿润，最好在早晨和夜晚运输，不要在烈日暴晒下运输。也可在桶内加冰块降温，但冰块不能与鳖直接接触，以勉冻伤。

当水温在 18℃ 以下时，鳖的活动能力弱，运输较为方便，此时可参照稚鳖运输方法运输。

六、病害防治技术

（一）红脖子病（大脖子病、肿颈病、腮腺炎）

（1）病原体。嗜水气单胞菌嗜水亚种。

（2）症状。病鳖首先表现为对外界反应敏感性降低，身体消瘦，食欲不振，运动迟缓。随后腹部出现红色斑点，颈部充血肿胀，伸缩困难，不摄食，最后裙边肿起，全身膨胀，时而浮于水面，警惕性消失，人走近也不逃避。严重时全部红肿，口鼻出血，眼睛白浊失明，不久即死亡。解剖可见肠道发炎，出血糜烂，肝肿大瘀血。

（3）防治。加强饲养管理，及时清除残饵，并经常保持水质清洁，可减少本病发生。发病初期可用土霉素或金霉素拌入饲料中投喂，每千克体重第1天用药0.2克，第2～6天减半，连续2～3疗程可痊愈；每千克鳖腹腔注射庆大霉素、卡那霉素等15万～20万单位，重症连续注射4～5天，从鳖的后肢基部注入腹腔。

（二）红底板病（赤斑病、腹甲红肿病）

（1）病原体。点状产气单孢菌点状亚种。

（2）症状。病鳖腹部底板红肿发炎，出现红斑块，严重时腐烂，露出腹甲骨板。病鳖不摄食，反应迟钝，常爬上岸，极易捕捉。解剖，可见咽部红肿，肝黑紫色，肠道充血。一般2～3天便死亡。

每年4～6月份为本病发病季节，鳖体质弱，腹部摩擦受伤，饲养条件恶劣易发生。

（3）防治。防止鳖受伤，池水定期用10～15毫克/升生石灰溶液消毒，改善水质；注射硫酸霉素或青霉素，每千克鳖用20万单位；饲料中加喂磺胺类药物可治疗早期红底板病。

（三）疖疮病（洞穴病）

（1）病原体。产气单胞菌点状亚种。

（2）症状。发病初期病鳖的颈部、四肢基部及背腹裙边出现小型白色疖疮，以后逐渐增大，向外突出。疖疮内可挤出具腥臭气味的浅黄色脓液状的内容物。随后炎症继续扩展，出现严重溃烂，部分病鳖露出颈部肌肉和四肢骨骼，背甲溃烂形成洞穴，但一般未达到此种程度，病鳖就已死亡。病鳖食欲减退，体质消瘦，静卧不动，以后头不能缩回，眼不能睁开，衰竭而死。本病一般发生于5~7月份。

（3）防治。放养密度合理，改良水质，多投喂营养丰富的鲜活饵料；稚鳖用10%的食盐水浸洗15分钟，成鳖、幼鳖以10毫克/升的高锰酸钾浸洗10分钟；隔离病鳖，挤出病灶中的内容物，将鳖放入0.1%~0.2%浓度的利凡诺溶液中浸洗15分钟，绝大部分可治愈。

（四）腐皮病

（1）病原体。产气单胞杆菌。

（2）症状。病鳖四肢、颈部、尾部及裙边等处皮肤充血发炎，霉烂坏死，形成溃疡。严重时骨骼外露、脚爪脱落。

本病是由鳖相互咬伤后感染细菌而引起，病鳖多数能长期生存，患部也能自愈，但病情严重时也会引起死亡。

（3）防治。注意水质清洁，防止鳖相互咬斗是预防本病的主要措施；放养时要密度适宜，饲养过程中需按个体大小及时分养；每周用2~3毫克/升漂白粉溶液药浴，可预防本病发生；每千克鳖用抗菌素15万~20万单位进行腹腔注射。

（五）白斑病（毛霉病、豆霉病）

（1）病原体。毛霉菌。

（2）症状。病鳖的四肢、裙边、颈部等处出现白斑，早期仅表现在边缘部分，后逐渐扩大而形成一块块的白斑，表皮坏死。稚鳖患本病后死亡率高，成鳖患病后由于表皮出血，外观难看而降低商品价值，但死亡率不高。

在捕捞、搬运时鳖皮肤受伤后易引发白斑病，本病全年均可发生，尤以稚、幼鳖多发，以5~7月份最易暴发流行。

（3）防治。放养前用生石灰清塘消毒，放养时仔细操作，防止鳖体受伤，对预防本病有一定作用；在流水池的新水中毛霉菌有迅速繁殖的倾向，故保持水质肥而嫩爽，霉菌的生长会受到抑制；用适量的磺胺类软膏涂擦患处，直至毛霉菌被杀死、脱落为止；将病鳖置10毫克/升漂白粉溶液中浸泡3～5小时，或用3%～4%食盐水浸洗5分钟。

（六）累枝虫病

（1）病原体。由原生动物累枝虫、聚缩虫、独缩虫附生于鳖体而引起。

（2）症状。病鳖四肢、颈部、背腹甲等处呈现出一簇簇白毛，严重时全身呈白色。在显微镜下可见大量累枝虫。本病多见于稚鳖。病鳖食欲下降，身体消瘦，严重时引起溃烂，甚至导致死亡。全国各地都有本病发生，发病没有季节性。

（3）防治。用1毫克/升漂白粉溶液浸洗24小时，或用2.5%食盐水浸洗10～20分钟，每日1次，连用2天；用8毫克/升硫酸铜或10毫克/升高锰酸钾溶液浸洗20～30分钟，每日1次，1周后可治愈；用1%高锰酸钾溶液涂抹病灶，每日1次，连用2天。

（七）水蛭病（蚂蟥病）

（1）病原体。是由水蛭寄生所引起。

（2）症状。水蛭通常寄生于鳖的裙边、四肢腋下、体后部等处，以吸取鳖的血液为生，寄生时少则几条，多则呈群体丛状分布，达数十条之多。大量寄生后，鳖反应迟钝，疲倦无力，身体消瘦，食欲不振，喜上岸而不愿下水。轻者影响生长，重者瘦弱死亡。本病流行广泛，且易引起其他继发性疾病。

（3）防治。让鳖在安静向阳处经常进行日光浴，可减少本病发生；用1毫克/升90%晶体敌百虫，或10毫克/升高锰酸钾，或0.7毫克/升硫酸铜全池泼洒，均有较好的疗效；用2.5%食盐水浸洗20～30分钟，蛭类会脱落死亡。

第四章 泥　　鳅

泥鳅是鲤形目、鳅科、花鳅亚科、泥鳅属的鱼类。我国有鳅科鱼类100多种，目前，国内供养殖的种类主要为泥鳅。泥鳅是天然水域中常见的杂食性小型淡水鱼类，在我国分布很广，除青藏高原外，我国各地的河川、湖泊、沟渠、稻田、池塘、水库等各种淡水水域均有自然分布，尤其是长江和珠江流域中下游，分布最广，产量最大。

泥鳅肉味鲜美，营养丰富，素有水中人参之称，是群众喜食的鱼类。泥鳅还有药用价值，对治疗丹毒、疥癣、痔疮、皮肤瘙痒、肝炎、腮腺炎等，均有一定的疗效。

泥鳅对环境的适应性强，食性杂，易饲养。养殖泥鳅生产设备简单，投入较低，成鱼不仅在国内畅销，而且是我国传统的出口商品。大力发展泥鳅养殖业，具有重要的经济意义。

一、生物学特性

泥鳅身体细长呈圆筒形，尾部侧扁；口下位，呈马蹄形；须5对，最长的口须向后伸达或超过眼后缘；胸鳍远离腹鳍，尾鳍圆形；尾柄上下有明显的隆起棱，鳞细小，埋入皮下。体背部及体侧灰黑色，并有黑色斑点，腹部灰白色；尾鳍基部上侧有一明显的黑斑点，背鳍及尾鳍有密集黑色斑条（图4－1）。

图 4－1　泥鳅

（一）生活习性

泥鳅属温水性底层鱼类，对环境适应能力强，常栖息于河、湖、池塘、稻田的浅水区域，水温过高或过低时潜入泥中，平时喜栖息在水体底层，特别喜欢栖息在有丰富腐烂植物淤泥的中性或弱酸性底泥表面。泥鳅除用鳃呼吸外，还能用肠道作为辅助呼吸器官，从空气中获得氧气，当水中溶氧不足时，它便浮出水面吞咽空气，空气在后肠部位进行气体交换，二氧化碳等废气由肛门排出体外。由于泥鳅能进行肠呼吸，所以它对低溶氧的忍耐力是很强的，在缺水的环境中，只要泥土中稍湿润，泥鳅仍可生存。同时，离水后也不易死亡，方便运输。

泥鳅的生长水温范围为 15～30℃，最适水温为 22～28℃。当水温达 34℃以上时，泥鳅即钻入泥中度夏；冬季水温降到 5℃以下时，又钻入泥中 20～30 厘米深处越冬。冬眠期不摄食，活动少，依靠少量的水分，用肠壁进行呼吸。

泥鳅属杂食性鱼类。幼鱼阶段，主要以动物性饵料为食，如浮游动物、摇蚊幼虫、水蚯蚓等。然后逐渐转向杂食性，成鱼以摄食植物性饲料为主。泥鳅在水温达 10℃以上时开始觅食，水温为 15℃时食欲渐增，水温在 24～28℃时泥鳅摄食强度最大，生长速度最快。当水温超过 30℃时，食欲锐减。超过 34℃或低于 10℃停止摄食。泥鳅白天大多潜伏，在傍晚至半夜间出来觅食。人工养殖时，经驯养也可改为白天摄食，一天中泥鳅在 7：00～10：00 和 16：00～18：00 摄食量最大。

（二）繁殖习性

泥鳅一般 2 冬龄后性成熟，水温达到 18℃以上时开始繁殖。

产卵期4～9月，以5～7月、水温25～26℃时为最盛。怀卵量与体长有关，体长8厘米的雌鳅，怀卵量为2 000～2 500粒；10厘米怀卵量为6 000～8 000粒；12厘米的怀卵量为10 000～14 000粒；体长15厘米的怀卵量为12 000～18 000粒；体长20厘米的怀卵量为20 000～25 000粒。卵圆形，黄色，卵径0.8～1毫米，有黏性。泥鳅为多次产卵型鱼类，需经数次分批产卵才能产完。产卵时，雄鱼用吻端刺激雌鳅腹部，雄鳅追逐，并把雌鳅卷住，进行排卵、射精，受精附着在水草上或其他物体上，经2～3天即可孵化成鳅苗。

二、饲料种类

泥鳅体长在5厘米以前，主要摄食浮游动物、摇蚊幼虫等动物性饵料；5～8厘米时，逐渐转为杂食性，主要摄食甲壳类、摇蚊幼虫、昆虫及其幼体、蚬、幼螺、蚯蚓等无脊椎动物，同时摄食丝状藻类、植物的碎片和种子、有机碎屑等植物性饵料；体长大于10厘米以后，则以植物性饵料为主，兼食部分适口的动物性饵料。人工养殖条件下，可投喂水蚯蚓、蚯蚓、蛆虫、黄粉虫、河蚌、螺蛳、鱼粉、血粉、野杂鱼肉、畜禽下脚料等动物性饵料和米糠、麦麸、豆饼、花生饼、菜籽饼、玉米粉、豆渣、酒糟、配合饲料以及浮萍、蔬菜等植物性饵料。

三、繁殖技术

（一）亲鳅的来源与选择

1. 亲鳅的来源

亲鳅的来源通常有：从自己培育的成鳅中选择；从湖泊、沟渠、稻田等水域捕来的野生鳅；从市场上购买的性成熟的泥鳅。

自己培育的泥鳅在质量上和数量上都有保证，也不会带入新的传染病源。从外界捕捉和购买亲鳅的优点是可避免泥鳅近亲繁殖。泥鳅的适应性强，食性杂，性腺发育好，所以春、夏、秋季均可从外界引进亲鳅。

2. 亲鳅的选择

无论是自己培育的泥鳅，还是从外界购买或捕捉的泥鳅，在亲鳅培育前，必须进行严格选择。泥鳅一般是2龄性成熟，但选择亲鳅要求在2~4龄，雌鳅体长10~15厘米，体重16~30克；雄鳅体长8~12厘米，体重10~15克。

要求亲鳅体质好，体色鲜亮，丰满度较大，体表黏液正常，无寄生虫，无外伤。雌雄比例在1：2左右。

雌雄区别：雌鳅胸鳍较短，末端较圆，第二鳍条的基部无骨质薄片，在产卵前腹部明显膨大而圆；雄鳅胸鳍较长，末端尖而上翘，第二鳍条的基部有一骨质薄片，鳍条上有追星，腹部不膨大，较扁平（图4-2）。

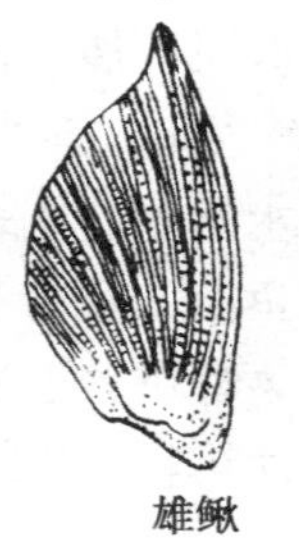
雄鳅

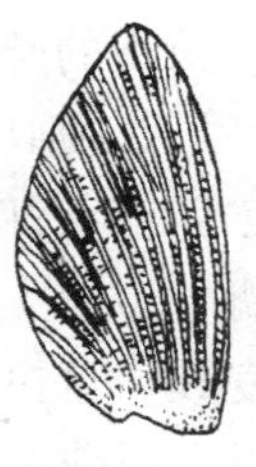
雌鳅

图4-2　雌雄泥鳅胸鳍

（二）亲鳅培育

1. 亲鳅培育池

亲鳅培育池要求面积在30~50平方米，深1.5米，最好是长方形的水泥池。池底铺20厘米厚的壤土层。池两端设有进、排水口，以便换水，保持水质良好。进、排水口要安装有铁丝网或塑料网防逃。

2. 亲鳅放养前的准备

亲鳅放养前 10～15 天，要把池水放干进行清整，包括检查进、排水渠道是否畅通，防逃网是否完好无损，并用生石灰消毒杀灭敌害生物，改良底质。按每平方米用 100～200 克，将生石灰对水拌匀后全池泼洒。若底质有机物过多有臭味，应全部清除掉，更换新底泥。亲鳅下池前 5～7 天施少量有机粪肥，然后注水至 50 厘米。

3. 亲鳅放养

为保证性腺发育良好，亲鳅的放养密度不可过大，以每平方米放 10～20 尾为好，雌雄比例掌握在 1∶2 左右。

4. 投饵

为促进性腺发育，投喂的饲料要注意营养全面、平衡，动、植物饵料搭配投喂，切忌喂单一饵料，如果长时间投喂动物性饵料，亲鳅会生长过肥，导致性腺发育不良，影响催产效果；如果连续投喂植物性饵料，亲鳅也会因营养不良而影响性腺发育。投喂时要把食物做成团状和块状的黏性饵料，置于饵料盘中，沉入池底，让泥鳅自由取食。每个池要设置多处投喂点，以便所有亲鳅都能吃饱吃好。每天上午、下午各投喂一次，每次的投饵量以 1 小时能吃完为宜。

5. 日常管理

主要是注意换水，经常清除残饵，保持水质清洁；夏秋季高温季节，在水面上种植适量的水生植物遮光降温；常检查进排水口有无损坏，防止逃鱼；每 15～20 天，每平方米水面用生石灰 10 克对水全池泼洒。

（三）人工繁殖

泥鳅的人工繁殖是指给亲鳅注射催产激素，使亲鳅集中产卵，进行人工孵化的繁殖方法，可大大提高泥鳅的产卵量、受精率和孵化率。

1. 常用工具和催产剂的准备

在人工催产前必须备好如下工具：研钵 2 只；容量为 1 ~ 2 毫升的医用注射器数支和 4 号注射针头数枚；解剖剪、手术刀、镊子各 2 把；硬质羽毛数支；1 000毫升细口瓶 1 只；20 毫升规格的吸管 2 支；500 毫升烧杯 1 个；毛巾数条；水盆或水桶数只。

常用的催产剂有以下 3 种：鲤鱼脑垂体、绒毛膜促性腺激素（简称 HCG）、促黄体生成素释放激素类似物（简称 LRH – A），LRH – A 的催产效果最好，在催产前要准备好。

2. 催产剂的配制

催产剂应随配随用。鲤鱼脑垂体应先置于干燥的研钵中研磨成细粉，再逐渐加入用 0.6% 的生理盐水，并搅拌均匀即可用；配制 HCG 或 LRH – A 时，则可将其放入研钵中，逐渐注入 0.6% 的生理盐水，让其充分溶解即可。

3. 人工催产

当春季水温稳定在 18℃ 以上，亲鳅培育池中个别泥鳅有追逐现象时，就可开始捕捉亲鳅催产。

成熟度好的雌鳅，腹部庞大而柔软，有光泽；轻压雄鳅腹部能挤出精液。雌雄比例 1∶2。注射剂量以每尾雌鳅用鲤鱼脑垂体 0.5 ~ 1 个，或注射 LRH – A 5 ~ 8 微克，或注射绒毛膜促性腺激素 30 ~ 40 毫克。雄鳅剂量减半。注射时，可用毛巾或纱布包裹鱼体，方便注射操作。注射部位为胸鳍基部内侧（腹腔注射）和背部肌肉，进针的角度以注射器与鱼体轴呈 45°左右，进针深度为 0.2 厘米左右。由于泥鳅个体较小，雌鳅每尾注射液量以 0.2 毫升为好，雄鳅每尾注射液量为 0.1 毫升。

注射时间宜在下午或傍晚进行，泥鳅在第 2 天清晨或上午发情产卵。注射后的亲鳅放入网箱、大水缸内。效应时间与水温有关，当水温为 20℃ 时，效应时间为 15 小时左右；水温在 25℃

时，效应时间为10小时左右；水温达27℃时，效应时间为8小时左右。在临近效应时间时，注意观察水体中亲鳅的状态，若发现雌、雄亲鳅追逐渐频，表明发情已达到高潮，即可进行人工采卵。捞出雌鳅从前至后轻挤其腹部，将成熟的卵挤入干净干燥的烧杯或搪瓷碗中，同时将精液也挤到上述容器内。若雄鳅的精液很难挤出，可剖开雄鳅腹部后用镊子轻轻挑出两条乳白色精巢，再将其置入研钵中，用剪刀剪碎，加入适量的生理盐水配制成精巢液，然后将精巢液倒入存放卵子的容器内，用羽毛搅拌，使精子与卵子充分接触受精。几秒钟后即可加入少量清水，把受精卵漂洗数次，将受精卵均匀地撒在杨柳树根、棕榈皮、窗纱布等制成的鱼巢上，使卵黏附其上，移至网箱或育苗池中进行静水孵化，或经脱黏后移入孵化桶、孵化环道内人工孵化。

如果进行自行产卵受精，可把注射催产剂后的亲鳅放入产卵池，并往池中布置棕榈皮、水葫芦等鱼巢。当亲鳅产卵结束后，把鱼巢移入孵化池孵化。

4. 人工孵化

人工孵化是将泥鳅的受精卵放入孵化器内，在人工控制条件下，使鳅卵胚胎顺利发育，最终孵出鳅苗的全过程。

(1) 孵化条件。影响孵化率的环境因素主要有卵子质量、水温、水质、溶氧、敌害生物等。

泥鳅受精卵适宜的孵化温度是15~30℃，短时间内温度变动不超过2℃；孵化用水要求干净清洁，pH值为7，没有受工业污染，溶氧量要求在5~8毫克/升，孵化用水要用双层筛绢过滤，清除敌害生物。

(2) 孵化方法。泥鳅受精卵的孵化方法主要有网箱孵化、孵化桶孵化和孵化环道孵化等。

①网箱孵化：网箱用聚乙烯网片制成，面积3~5平方米，箱体置于微流水中，高出水面30厘米，深入水面40厘米，每升

水可放卵500粒左右。保持水质清新，经常观察，在胚胎破膜前，将网箱带鱼卵、鱼巢一并移至育苗池内。

②孵化桶孵化：孵化桶主要是塑料桶。由于泥鳅的受精卵有黏性，在孵化前要先对卵子进行脱黏处理，方法是把干黄泥碾碎，加水浸泡搅拌成稀泥浆，用纱布过滤到盆中。卵和精液混匀1～2分钟后倒入泥浆中，边倒边搅拌，倒完后再搅1～2分钟，然后将带卵泥浆水倒入网布中，洗去泥浆即可放入孵化桶中孵化。放卵密度为每升水约放1 000粒卵。

在整个孵化过程中，要注意保持水流，水的流速可由卵的沉浮状况来决定。当鳅卵在缸中心由下向上翻起，到接近水表层时逐渐向四周散开后下沉，表明流速适当；刚孵出的鳅苗对流速的要求与受精卵相同，鳅苗平游时，流速可小些。鳅苗破膜时，大量的卵膜集中漂起涌向滤水筛绢，有时会将筛目堵塞，此时，要不断地用长柄毛刷在筛绢外缘轻轻刷动或用水轻冲筛绢，使黏附在筛绢上的卵膜脱离，以保持水流畅通。

③孵化环道孵化：大规模繁殖时可用家鱼孵化环道孵化。卵子要先经过脱黏处理后孵化。通常每升水可放500～800粒卵。孵化时环道底部鸭嘴状喷嘴不停地喷水，水流逆时针转动，受精卵在环道内翻滚浮动。当鳅苗孵出2～3天能水平游动时停止进水，开启出苗池阀门，鳅苗和水一同流入出苗池，收在集苗箱内，移至育苗池培育。

泥鳅受精卵在水温18～20℃时，受精后50小时孵出鳅苗；水温24～25℃时，经30～35小时可孵出鳅苗；水温27～28℃时，28小时左右即可孵出。

刚孵出的鳅苗全长3～4毫米，2～3天后鳅苗生长至7毫米左右，鳔已渐圆，卵黄囊基本消失，能水平游动，此时，可将鳅苗送到育苗池中培育。

（四）自然繁殖

指在人工控制条件下，模仿自然环境条件，让泥鳅自行产卵孵化。这种方法操作简单，很适合泥鳅养殖专业户使用。

产卵池可选择小水泥池、小池塘等，水面 5～10 平方米，水深 40～50 厘米，最好能保持微流水；或者在稻田、池塘、沟渠，水深保持 15 厘米左右的地方，用网片围成 3 平方米左右的水面作为产卵池。在产卵池中放入水草、杨柳根须、棕榈皮等做鱼巢，供卵子附着。每平方米放亲鳅 7～10 组（一雌两雄为 1 组）。水温在 18～20℃时，泥鳅一般在晴天的清晨或上午 10：00 前产卵；当水温在 20～28℃时，多在雨后或半夜产卵。受精卵黏附在鱼巢上，每日上午将鱼巢捞出观察，若鱼巢上卵子较多，应移至孵化池内孵化，下午重新布入鱼巢。如果鱼巢收取不及时，受精卵会被亲鳅吃掉。

也可用亲鳅培育池作为产卵池。当水温升至 18℃，个别泥鳅有追逐现象时，放入鱼巢，并使池中保持微流水，刺激亲鳅繁殖。

泥鳅受精卵常在育苗池内孵化。育苗池面积以 40 平方米左右为宜，每平方米约放鳅卵 1 万粒，出苗率约为 40%。鱼巢上方要遮阳，避免阳光直射，同时，防止青蛙、野杂鱼进入池危害鳅卵、鳅苗。在整个孵化过程中，要勤于观察，并及时将蛙卵、污物等捞出池外。

鳅苗孵出 3 天后，体色变黑，卵黄囊消失，鳔出现，胸鳍变大，能够短距离平行游动，并开始摄食。此时，要投喂煮熟的蛋黄，以每 10 万尾鳅苗每日投喂 1 个蛋黄为宜，以后逐渐改投浮游动物。

四、苗种培育技术

鳅苗孵出后，活动、摄食能力弱，要经过苗种培育才能用于成鳅养殖。

（一）鳅苗培育

鳅苗培育是指把孵出的鳅苗饲养1个月左右，养成全长3～4厘米，体重1克左右的鳅种。

1. 鳅苗的摄食习性

刚孵出的鳅苗以卵黄囊为营养，2～3天后卵黄囊基本消失，开始从外界摄食。开始时以摄食轮虫、无节幼体为主，3～4天后可摄食大型浮游动物，一周后可投喂水蚯蚓。喜食豆浆、熟蛋黄等。

2. 鳅苗池的规格要求

泥鳅育苗池一般采用浅水土池或水泥池，面积以30～50平方米、池深60～80厘米、水深30厘米左右为宜。如用土池培苗，可在池内铺一层黑色塑料簿膜防渗漏。池形长方形为宜，两端分别设进、出水口，并设置拦鱼设施。拦鳅设施可用聚乙烯网片或竹箔编成。池中要设一面积占池子总面积的5%～10%、深30～40厘米的集鱼坑。无论水泥池还是塑料簿膜土池，都要在池底铺一层10～15厘米厚的淤泥。

在鳅苗放养前7～10天每平方米用100克生石灰对水全池泼洒消毒，清塘后施基肥培肥水质，繁殖轮虫等天然饵料，一般每平方米施1.5千克鸡粪。如果是新建水泥池，必须反复浸泡冲洗去碱后才能使用。鳅苗池注水30厘米左右。注水后往池中移植少量水葫芦。

3. 鳅苗培育方法

鳅苗入池前1天，检查池水毒性是否消失，确认无毒后即可放鱼。

选择晴天8：00～10：00或15：00～17：00放养。鳅苗的放养密度应根据养殖条件和饲养技术水平等灵活掌握。微流水育苗池，每平方米可放养鳅苗1 500～2 000尾；静水育苗池，则以每平方米放养800～1 000尾为宜。同一池子要求一次放足同一批规格大小一致的鳅苗；盛鳅苗容器的水温与育苗池水温的温差不宜超过3℃。

鳅苗入池后，要做好投饵、施肥和日常管理工作。

（1）投饵。鳅苗下池后的第2天开始泼洒豆浆，开始时每天每20万尾鳅苗投喂1千克黄豆浆，1周后增至1.5千克，2周后投喂量再适当增加，每日投喂2.5千克。在豆浆中添加少量鱼粉可促进生长。20天后，随着鳅苗的长大和食量的增加，逐渐增加豆渣、米糠和豆饼糊，投喂量以鳅苗能在1小时左右吃完为好。每天上午、下午各投喂1次。

除投喂豆浆外，还可以投喂熟蛋黄。下池1周后还可增加投喂浮游动物、水蚯蚓等活饵料。

黄豆浆的加工方法：将黄豆用水浸泡，浸泡时间视水温而定，水温在18℃左右时浸泡10～12小时，水温在25～30℃时则浸泡5～7小时，以黄豆两瓣间空隙胀满为好，出浆率高。一般1.5千克黄豆可磨成25千克豆浆。磨好的豆浆用细布滤去豆渣后立即投喂。

（2）施肥。鳅鱼入池几天后，如果池水变瘦，可施粪肥培育水质，促进浮游生物的生长。一般每3～5天施1次，每次每平方米水面施腐熟粪肥50～100克。

（3）鳅苗的日常管理。鳅苗培育的主要日常管理工作是巡池。每天早、中、晚巡池3次，仔细观察鳅苗的活动情况和水色水位的变化，发现问题，及时解决。在水质较肥、天气闷热无风时，清晨巡池时应特别注意鳅苗有无浮头现象。如果发现鳅苗严重浮头，当天要停止投饵施肥，并及时换水。

巡池时若发现鳅苗生病，要及时治疗。随时捞起蛙卵、蝌蚪及杂物等。

经1个月左右的饲养，鳅苗体长可达3～4厘米，体重1克左右。此时鳅苗已初具钻泥能力，转入鳅种池培育。

（二）鳅种培育

鳅种培育是把全长3～4厘米的幼鳅饲养3～5个月，养成体长5～6厘米，重3～5克的鳅种的过程。

1. 培育池

鳅种池可以是土池，也可以是水泥池。面积为50～100平方米，深80～100厘米，水深30～40厘米，池内的结构，如进、排水口，集鱼坑等均与鳅苗池相同。鳅种放养前必须清池消毒，然后施放基肥、注水，具体做法参照鳅苗池。

2. 鳅种放养

当清塘后池水毒性消失就可以放养鳅种。每平方米放养量为50～100尾。

鳅种放养后每日投喂饵料3次，日投饵量按鱼体总重的5%～8%。每次投饵量的确定以1小时内将饵料吃完为宜。日常管理主要是经常巡池，保持水质清洁，控制水温、防治敌害生物。巡池分早晨和傍晚2次，观察鱼的吃食、活动、生长情况，发现问题，及时解决，并随时将池中的蝌蚪、污物捞出。根据水质的情况，随时注水。夏季高温季节，鳅种池的水温很容易超过30℃，应遮阳降温，或在水面上种植水葫芦。鳅种培育到体长可达5～6厘米，体重2克左右时出塘，可转入成鳅养殖。

五、成鳅养殖

（一）池塘养殖

1. 养殖池的条件

选择水源充足，水质良好，pH值适宜，排水方便，土质中性或弱酸性，光照充分，电力、交通方便的地方建设养鳅池。池子面积为100～600平方米，池深80～100厘米，养殖水深30～60厘米。池的四壁和池底在挖成后夯实，或铺一层塑料薄膜，以免渗漏和泥鳅外逃。池底铺上 20 ~ 30 厘米厚的软泥。在进、排水口处设一深 30 厘米，占鱼池总面积的 5% ~10% 的集鱼坑。进水口、排水口设在池子对应的两边，进、排水管要用金属网或尼龙网罩住，以防泥鳅逃逸或敌害生物随水入池。

2. 放养前的准备

放养前 7 ~10 天排干池水，挖出过多的淤泥，堵塞漏洞，疏通进排水口。再用生石灰清塘，把池水排到 10 厘米深，每 100 平方米水面用生石灰 10 千克对水均匀泼洒消毒。清塘后次日加注新水，注水深度为 20 ~30 厘米；鱼种下池前 5 ~7 天施基肥培育天然饵料，每平方米水面施腐熟粪肥 1 ~2 千克。放养前一天检查池水清塘药物的毒性是否消失，并在水面上种植适量水葫芦。

3. 鳅种放养

每年春季水温稳定在 10℃ 以上时就可放养。放养密度与养殖条件和饲养技术水平、鳅种规格大小有关。鳅种规格为 3 ~4 厘米的，每平方米放养 100 ~150 尾；规格为 5 ~6 厘米的，每平方米放养 50 ~80 尾。

4. 饲养管理

（1）投饵。投饵是提高泥鳅养殖产量的最重要措施之一。

开始投喂时要先驯饵，让泥鳅养成定时定点摄食习惯。泥鳅的投饵量要根据池塘中天然饵料的数量以及天气、水温、水质等来确定。坚持“四定”投饵。春季水温在 16 ~20℃ 时以投喂植物性饵料为主，占总投饵量的 60% ~70%，动物性饲料占 30% ~40%；水温达 21 ~24℃，动、植物性饵料各占 50%；水温在 24 ~28℃ 时，是泥鳅生长最快的时期，要加强营养促进生长，动物性饵料占 60% ~70%，植物性饵料减少到 30% ~40%。投喂时间和次数，水温 24℃ 以下时每天中午投喂 1 次；水温在 24 ~28℃ 时，每天投喂 2 次，时间为 9：00 ~10：00 和 15：00 ~

16∶00。每天投喂饲料的量约占鱼体重的2%～4%。以投喂后1小时内吃完为适，多吃多投，少吃少投，不吃则不投。饲料要投在食台上，食台采用悬挂式，方便消毒与投饵。

饲料要质量高，不投喂霉变饲料；动物性饲料要新鲜、适口，不投腐烂的饵料。

（2）施肥。通过施肥培育天然饵料可减少投喂饲料，降低生产成本。一般每隔10～15天施追肥一次，每平方米水面施腐熟粪肥0.1～0.2千克，池水透明度控制在20～30厘米、水呈油绿色或黄绿色为好。

（3）日常管理。主要做好以下几方面的工作。

①水质调节：每15～20天每立方米池水用生石灰10克对水全池泼洒；每3～5天注入新水1次，若发现水质发黑、混浊、泥鳅不断上浮吞气，则应立即停止施肥、投饵，及时换水。

②巡塘：每天早、中、晚各观察养殖池1次，密切注意池水的水色变化和泥鳅的活动状态、摄食情况等，及时将蛙卵、蝌蚪及塘中污物清除。若发现泥鳅食量突然减少，要查明原因，及时解决。

③防逃：在下暴雨或连日大雨时，要及时排水，防止因池水上涨造成逃鳅。在加注新水或排放池水时，要先检查进、排水口的防逃网是否牢固，若有损坏，要重新安装。

（二）流水养殖

1. 养殖池结构

在水源充足，水质好，能自灌自排的地方可建设流水养鳅池，最好是水泥池。池子的面积为10～20平方米，深80～100厘米，养殖水深40～60厘米。长方形或椭圆形，水流无死角。池子两端各设进、排水口，进水口采用广口式进水以降低流速。进排水口安装网目为2毫米的金属防逃网。池底由进水口略向排水口倾斜，以利排水和排污。池底不铺底泥。

2. 鳅种放养

水泥池经过去碱处理后即可放养。放养密度，一般每平方米可放体长 5 ~6 厘米的鳅种 300 ~400 尾，放养的鳅种规格要一致。

3. 投饵

流水养鳅池没有天然饵料，全部依靠投喂饲料。因此饵料要求营养全面，动物性饵料和植物性饵料混合后投喂。将饲料磨成粉状，加少量水拌成团块状，然后均匀地撒入池中。投喂时可先停止进出水，鱼吃饱后再注水。每日喂 3 次，分上午、下午、傍晚投喂。如能投喂颗粒全价饲料，效果更好。投喂量为鳅体重的 2% ~5%。

4. 日常管理

最主要是保持水流畅通，防止泥鳅逃失，防止敌害，及时排污等。经常清理排注水口防止堵塞，注意进排水量要相等，防止溢水逃鱼；进水量以保证溶氧充足、泥鳅不频繁到水面呼吸为好。平时还要注意检查防逃网有无破损，防止敌害生物入侵；当池底有鱼粪、残饵积存时，要加大进排水量，冲走粪便、残饵。

流水养鳅由于水质好、饵料足，可加大放种量，经 100 余天的饲养，每平方米可产商品鳅 5 千克以上。

（三）稻田养殖

泥鳅对各种水环境有很强的适应能力，具有耐浅水、耐低氧的特点，适合高密度养殖，是稻田养殖的优良品种。稻田里有丰富的天然饵料，有各种昆虫、底栖动物，还有一定数量的浮游动物。这些天然饵料为泥鳅的生长提供了物质基础。同时，以鱼治虫，少用农药，减少了农药对环境的污染，也减少了农药通过食物链间接对人产生的危害。

1. 养鳅稻田的条件

要求水源充足，排灌方便，雨季不淹没，天旱不干涸。水质良好，溶氧量高，清新无毒，pH 值在 7.0～8.5 较为适宜；田埂要高且宽，不易倒塌；进水口、排水口在田块对应的两边上，注入的水能通过全田或田的大部分面积。

2. 养鳅稻田的设施

（1）加高、加固田埂。要求田埂高 50 厘米宽 40 厘米。结合农田建设用砖石砌成最好。土质田埂要层层夯实，做到不塌不漏。田埂较低时可在四周用胶丝网片围好，防止逃鱼。

（2）开挖鱼沟、鱼溜。鱼沟、鱼溜是泥鳅栖息、生长的场所，是解决在稻田里养鱼与水稻施肥、用药、晒田矛盾的必要设施，同时，有利于增大田水体积，增加放养量，方便鱼的饲养管理和捕捞。在稻田中挖占稻田面积约 2%～3% 的鱼沟、鱼坑。

（3）进、排水口和拦鱼栅。进水口和排水口一般设在稻田相对的两角处，直接与鱼沟相通，用砖石砌成，可防止发生崩塌逃鱼事故。进排水口的拦鱼设备可用钢筋制作，制成“ ⌒ ”形，上端要比田埂高出 30～40 厘米，下端埋入混凝土中 20 厘米，左右各嵌入田埂中 20 厘米。栅栏孔径大小以不逃鱼为原则（图 4－3）。

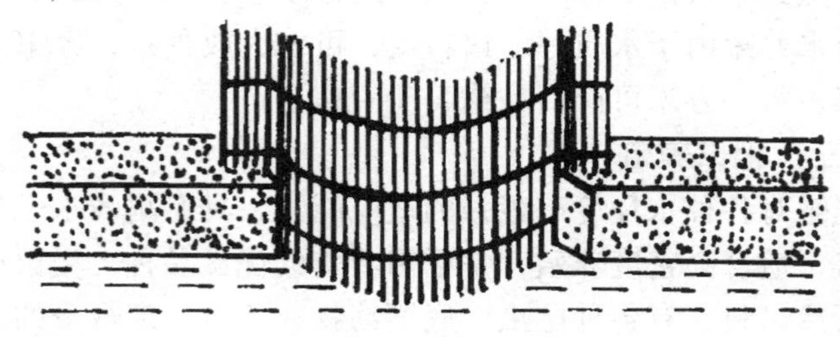

图 4－3　拦鱼栅

3. 鱼种放养

在鱼种放养前 7～10 天用生石灰对水泼洒消毒鱼溜、鱼沟，2 天后注水，使田面水深达到 5 厘米。然后结合农田施基肥每平方米施粪肥0.5千克培育水质，促进浮游动物生长繁殖。

泥鳅种苗放养密度一般为每平方米20～30尾。

4. 日常管理

鳅种放养后，要适时、适量地投饵、施肥。泥鳅喜欢吃的饲料有蚕蛹、螺蚌肉、畜禽内脏等动物饵料和米糠、糟渣、蔬菜等植物饲料，投喂量占鳅体重的2%～5%。在养殖过程中，要经常检查泥鳅摄食情况；做好防洪排涝工作，暴雨来临之际，要坚持巡查养殖稻田，检查田埂的安全情况，观察稻田水位，清除进、排水口拦鱼栅上的杂物；对鱼沟、鱼溜经常检查，保持畅通。及时清除水生昆虫、野杂凶猛鱼类、水蛇、水老鼠和鸭子等敌害。稻田水位应根据稻、鳅的需要适时调节，从插秧到分蘖，要浅水以促进水稻生根分蘖，在其生长期要适当加深水位。施肥以施农家肥为主，施化肥为辅。给水稻治病时应当用低毒农药，禁用剧毒农药，并采用灌深水、分片施药的方法。在高温季节，适当加深田水，有利于避暑度夏。

六、成鳅捕捞和运输

（一）捕捞方法

池塘养殖和稻田养殖的泥鳅捕捉有一定的困难，必须讲究方法。

1. 稻田泥鳅的捕捉

（1）诱捕。用捕捉黄鳝用的鳝笼来捕捉。把米糠、麦粉等炒香，加适量面粉拌制成团料，或用泥鳅喜食螺蛳肉、蚌肉等，放入鳝笼内，于傍晚将笼置于鱼沟鱼溜中，每1～2小时起捕1次。此法在成鳅饲养期间均可采用，也可用于繁殖期间捕捉亲鳅。连续数天可捕起大部分泥鳅。

或在投饵地点预先设置地网，再投喂饲料，引诱泥鳅来摄食，待大量泥鳅来摄食时，迅速提起网，即可捕获。

（2）排水捕捉法。在排水口外设置网袋，拆除拦鱼栅。夜间缓慢排水，泥鳅会随排水落入网袋。未随水进入网袋的泥鳅，都集中在鱼沟、鱼溜中，先用抄网抄捕，最后用手翻土捕尽。

在长江以南地区，淤泥中的泥鳅可留下越冬，待次年再饲养，而长江以北地带则必须设法捕完，否则泥鳅在稻田里可能被冻死。

2. 池塘泥鳅的捕捉

在生长期部分捕捉泥鳅，可用铺设地网的方法诱捕。如要全部捕捉，可在晚上把池水慢慢排干，大部分泥鳅会集中在集鱼坑中，即可用抄网捕捉。最后排尽坑内水，捕捉潜入泥中的泥鳅。

（二）成鳅运输

因泥鳅的皮肤及肠道均有呼吸功能，运输较为方便，按运输时间长短可分别采用以下几种方法。

1. 无水湿法运输

在温度25℃以下，运输时间在5小时以内的，可采用无水湿法运输。方法是：用水草放入饲料袋或竹篓内，再放入泥鳅后泼洒些水，使其保持皮肤湿润，即可运输。

2. 带水运输

水温在25℃以上，运输时间在5～10小时，需带水运输。其运输工具可用鱼篓、帆布桶。投放密度为每升水1～1.2千克。

3. 降温运输

（1）利用冷藏车或冰块降温运输。把鲜活泥鳅置于5℃左右的低温环境内运送，在运输中加载适量冰块，慢慢融化、降温，可保持泥鳅在运输途中的半休眠状态。一般采用冷藏车控温，可长距离安全运输20小时。

（2）带水降温运输。一般6千克水可装8千克鱼，运输时冰块放在网袋内，并将其吊在容器上，使冰水慢慢地滴入容器内，达到降温目的，这种降温运输方式，成活率较高，鱼体也不易受伤。

七、病害防治技术

（一）水霉病

（1）病原体。由水霉、绵霉等真菌感染而引起。

（2）症状。鱼体受伤后被霉菌感染，在伤口处长出如棉絮状的菌丝体，肉眼容易识别。鳅卵在孵化过程中易感染，泥鳅在拉网和运输中因操作不慎，造成体表受伤时极易感染。一年四季均会发生，以早春和晚秋较为流行。

（3）防治。避免鱼体受伤可防止此病的发生。治疗：每立方米水体用2～3克亚甲蓝全池泼洒；或用3%食盐水浸洗5～10分钟；或每立方米水体用2～4克五倍子煮水全池泼洒。鳅卵发病，每立方米水体用400克食盐和400克小苏打浸洗1小时。

（二）打印病

（1）病原体。由点状产气单胞菌感染所致。

（2）症状。患处主要在尾柄基部，开始时出现一红斑，几天后表皮腐烂，形成椭圆形、圆形病灶。流行于7～8月份。

（3）防治。每立方米水用0.2～0.3克二溴海因或0.4克强氯精对水全池泼洒。

（三）细菌性肠炎病

（1）病原体。由肠型点状产气单胞菌感染而引起。

（2）症状。病鳅行动缓慢，停止摄食，体色变青，肠道充血发炎，肛门红肿。腹部有血丝和黄色黏液流出，严重时变成紫色，不久后死亡。本病常在水温为20℃以上时流行。

（3）防治。要用内服外用药物治疗。内服：每50千克泥鳅用15克大蒜捣碎拌入饲料中投喂，每日1次，连用4～6天；或内服复方新诺明，每千克饲料添加 1～1.5 克制成药饵投喂，连续 3～5 天。外用：每立方米水用 0.2～0.3 克二溴海因或 0.4 克强氯精对水全池泼洒。

（四）车轮虫病

（1）病原体。由车轮虫寄生引起。

（2）症状。车轮虫寄生于泥鳅鳃部和体表，病鳅摄食量减少，消瘦发黑，离群独游，影响鳅体生长。严重时虫体大量繁殖，如不及时治疗，会引起死亡。流行于 5～8 月份。

（3）防治。每立方米水体用 0.7 克硫酸铜和硫酸亚铁（5∶2）合剂全池泼洒，或每亩（667 平方米。全书同）水面用苦楝树叶 30 千克煮水全池泼洒。

（五）小瓜虫病

（1）病原体。由多子小瓜虫寄生所致。

（2）症状。肉眼可见病鱼皮肤、鳃、鳍上有白点状囊泡。取囊泡少许置玻片上，滴一滴水覆盖，几分钟后可见有灰白色虫体沿水滴边缘滚动。

（3）防治。每立方米水体用 25 毫升 40% 甲醛溶液全池泼洒，隔天洒 1 次，共泼洒 2～3 次。病鳅也可按每立方米水体用 5～10 克亚甲蓝的量浸浴 10～20 分钟。

第五章　黄　鳝

黄鳝，地方名鳝鱼、田鳝，在分类上隶属于合鳃目、合鳃鱼科、黄鳝属。黄鳝为亚热带的淡水底栖鱼类，是常见的淡水鱼类，广泛分布在各地的江河、湖泊、沟渠、池塘、稻田等水体中。

黄鳝肉质细嫩，味道鲜美，营养丰富，是深受人们喜爱的珍馔佳肴，也是著名的滋补药用食品。传统医学认为黄鳝肉具有祛风湿、补中益血、通血脉、利筋骨、壮阳等作用。现代医学已认定黄鳝对治疗面部神经麻痹、中耳炎、鼻衄、骨质增生、痢疾、黄肿风湿等有疗效。

近年来，黄鳝的自然资源越来越少，远不能满足市场需求。大力发展黄鳝养殖有广阔的前景。

一、生物学特性

（一）生活习性

黄鳝为底栖生活鱼类，对环境的适应能力很强，在各种淡水水域中几乎都能生存，喜欢生活在腐殖质较多的偏酸性和中性的水底泥穴中，常在田埂、塘基、堤坝附近浅水中穴居，洞穴深度约为体长的3倍左右。黄鳝白天很少活动，夜间出洞在洞口附近觅食，捕食后迅速缩回洞中。黄鳝是温水性鱼类，6～9月是摄食生长旺季，适宜生长水温为15～30℃，最适生长水温24～

28℃。当水温高于32℃或低于15℃时，摄食量明显减少；水温低于10℃时则停止摄食，并潜入洞穴中冬眠。冬季当水干涸时，能深潜土中越冬达数月之久（图5-1）。

图5-1　黄鳝

黄鳝的鳃严重退化，能用口咽腔的皱褶上皮及肠内壁进行气体交换，从空气中获得氧气。所以，养殖水体的水深要适宜，保证黄鳝不离穴就能把头伸出水面呼吸。

黄鳝是以肉食性为主的杂食性鱼类，喜吃新鲜活饵料。在自然条件下，孵出4~5天的幼苗，主要摄食轮虫、枝角类、桡足类等浮游动物，鳝苗的最佳适口饵料为水蚯蚓。鳝种阶段捕食水生昆虫、水蚯蚓、摇蚊幼虫和蜻蜓幼虫等，也兼食有机碎屑、丝状藻类、浮游植物。成鳝阶段主要食物有小鱼虾、蝌蚪、幼蛙、水生昆虫及陆生动物（如蚯蚓、蚱蜢、飞蛾、蟋蟀等）。在饥饿条件下，黄鳝有大吃小的种内蚕食习性。黄鳝主要靠嗅觉和触觉在夜间觅食，当食物接近嘴边时，张口猛力一吸，将食物吸进口中，摄食动作迅速。黄鳝最大个体体长70厘米，体重1.5千克。

（二）繁殖习性

黄鳝有必然的性逆转现象。从胚胎开始到第一次性成熟全为雌性。产卵后开始性逆转。体长36~40厘米时，雌、雄个体数几乎相等；体长41厘米以上时雄性占多数；60厘米以上时几乎全为雄性。

黄鳝的性成熟年龄为1冬龄，体长20厘米左右。黄鳝的怀卵量，一般体长20厘米左右的个体怀卵量为300～400粒；体长50厘米左右的个体，怀卵量可达500～1 000粒。相对怀卵量为每克体重6～8粒。

黄鳝的生殖季节为4～7月。产卵地点在穴居洞口附近的田边草丛、乱石块间，或水生植物繁茂的地方。产卵前雌亲鳝先吐出泡沫堆成浮巢，然后将卵产在泡沫之中，雄鳝排精完成受精过程，受精卵借助泡沫的浮力浮在水面上发育。黄鳝卵径达3.8～4.0毫米。从受精到孵出仔鳝的时间，在30℃左右的水温中需5～7天，长者达9～11天。亲鳝具有护卵护幼习性，产卵后的亲鳝留在鱼巢附近，防止敌害袭击卵子。直到仔鳝孵出，卵黄囊消失能自由游动摄食时才离开。刚出膜的鳝苗全长11～13毫米。仔鳝出膜到卵黄囊消失需9～11天，此时全长可达28毫米左右。

二、饲料种类

黄鳝的最佳饲料主要以水蚯蚓、蚯蚓、蝇蛆、黄粉虫、小鱼虾、螺蚌蚬肉、畜禽内脏、蚕蛹等为主。也吃米糠、麸皮、花生麸、酱糟、豆腐渣、豆饼、菜籽饼等。大规模养殖黄鳝，可投喂黄鳝专用配合饲料。黄鳝还摄食少量菜叶、浮萍等鲜嫩青饲料，一般不吃腐臭食物。

三、黄鳝的繁殖技术

（一）亲鳝的选择与培育

1. 亲鳝的来源、选择与雌雄区别

亲鳝可专门培育或从野外捕捉、从市场上选购。要求亲鳝体

质健壮，无病无损伤，游动活泼，徒手捕捉或笼捕的为佳，不要电捕、钓捕的个体。体色以深黄色光泽鲜亮的为好，青灰色细黑花个体较差。雌雄比例为（2～3）：1。捕捉或选购亲鳝宜在秋季进行，作为次年繁殖用。

在繁殖季节，雌鳝头小不隆起；体背呈青褐色，无斑点无纹，腹部膨大半透明，呈淡橘红色，并有一条紫红色横条纹，可见黄色卵粒轮廓，用手摸腹部感觉柔软而有弹性，生殖孔红肿。雄鳝头部较大，隆起明显，体背可见许多豹皮状色素斑点，腹部较小，腹面有血丝状斑纹分布，生殖孔稍红肿，用手压腹部，能挤出少量透明精液。在非繁殖季节一般根据体长来确定，体长30厘米以下的个体作雌鳝，50厘米以上的个体作雄鳝。

2. 亲鳝的培育

（1）培育池的建造。选择在通风、光照好、靠近水源、排注方便和环境安静的地方建池。最好是水泥池，也可以在土池中铺一层防渗塑料薄膜而成。池子面积一般为10～20平方米，深1米，水深15～20厘米，池底铺松软的有机土层20～30厘米。水泥池四壁要建成“┏”形出檐，在水面放置一些水葫芦遮阳降温，净对水质。亲鳝池一般也作为产卵池。

（2）亲鳝培育。亲鳝放养前7～10天先用生石灰对鳝池进行消毒。亲鳝下池前用4%食盐水浸洗5分钟消毒体表。亲鳝的放养密度，一般为6～8尾/平方米左右。雌、雄比例，自然受精按1：1、人工授精按（2～3）：1。亲鳝池中可放养少量泥鳅，以清除池中过多的有机质、残饵，改善水质。

投喂优质新鲜饵料可促进亲鳝的性腺发育，如蚯蚓、蝇蛆、螺蚌蚬肉、小鱼虾等，辅喂少量花生麸和豆腐渣等植物性蛋白饲料。日投饵量为鱼体重的3%～6%，以喂后1小时内吃完为宜。人工催产前一天停喂。水深保持20厘米左右，每周加注新水1次，每次换水量为池水总量的1/3左右，保持水质良好。亲鳝临近产卵前10～15天每天注水1次，促进性腺发育。

注意观察亲鳝的摄食、活动情况，观察天气变化和水质变化情况，以便及时发现问题，采取对应措施。做好防逃工作，发现漏洞及时修补，暴雨时要特别注意。每15天按每立方米水用生石灰15～20克对水全池泼洒消毒，调节池水酸碱度。每天清除残剩饵料1次。发现病鳝要及时隔离治疗。

（二）成熟亲鳝的选择与催产

1. 成熟亲鳝的选择

性成熟度好的雌鳝腹部膨大柔软呈纺锤形，卵巢轮廓明显，呈浅橘红色，半透明，用手触摸腹部可感到柔软而有弹性，生殖孔红肿；雄鳝腹部较小，腹面有血丝状斑纹，用手轻压腹部，有白色透明精液溢出。

2. 亲鳝的催产

春季气温回升到25℃以上、水温稳定在22℃以上时，可进行人工催产。

（1）催产激素及剂量。采用促黄体生成素释放激素类似物（LRH-A）或绒毛膜促性腺激素（HCG）作为催产剂。注射量根据亲鳝的性腺成熟程度和大小而定，一般20～50克重的雌鳝，每尾注射LRH－A 8～10微克；50～250克重的雌鳝，每尾注射LRH-A 10～30微克。雄鳝不论大小，每尾注射15～20微克。如用绒毛膜促性腺激素，20～50克重的雌鳝，每尾注射500～1 000国际单位。如果雌鳝较大，可适当增加。采用一次注射，雄鳝的注射时间比雌鳝推迟24小时左右。

（2）催产方法。催产剂的配制：将激素溶解在0.6%的氯化钠溶液中，以每尾黄鳝平均注射1毫升注射液为宜。

注射部位及注射方法：采用胸腔或腹腔注射。一人将选好的亲鳝用毛巾或纱布包好防止滑动，并使其腹部朝上，另一人进行注射，进针方向大致与亲鳝前腹成45°角，进针深度不超过0.5

厘米。注射后的亲鳝放入小水池中暂养，水深保持30～40厘米，冲注新水。在水温22～25℃时，经40～50小时，有效催产的雌亲鳝腹部明显变软，生殖孔红肿，并逐渐开启，用手触摸其腹部，并由前向后移动，如感到鳝卵已经游离，有卵粒流出，应立即进行采卵授精。

（三）人工授精

将开始排卵的雌鳝用干毛巾裹住身体前部，用手由前向后挤压雌鳝腹部3～5次，将卵子全部挤入预先消毒过的干燥光滑的瓷盆中。同时，快速将成熟度适中的雄鳝剖腹，取出精巢并剪成碎片，放入少量生理盐水。将精巢液迅速加入盛卵子的容器中去，用羽毛充分搅拌均匀，再加少量清水刚好浸没卵子，轻轻搅拌，使卵子和精子充分混合。静置3～5分钟，即可将受精卵移入孵化场所孵化。

人工授精雌雄亲鱼比例为（2～3）：1。

如果雄鳝比较多，可采用自然产卵。将注射激素后的雌雄亲鳝按1：1的比例放入产卵池，卵子产出后立即将受精卵捞入孵化池孵化。

（四）人工孵化技术

人工孵化时，可依据受精卵数量的多少确定孵化方法。如受精卵数量较多，可放于孵化缸中集中孵化，容积为0.25立方米的孵化缸可放受精卵20万～25万粒。如受精卵数量不多，可放于敞口式浅底的容器中孵化，如玻璃缸、水缸、塑料盆等，水深10厘米左右，勤换新水，保持容器内的水溶氧充足，注意换水时温度变化不超过2℃。孵化用水要清洁、富氧、无毒、无敌害生物，pH值以7～8.5为好。在水温25～30℃时，受精卵经6～10天左右可孵出鳝苗。刚孵出的仔鱼，体长11～13毫米，5～7天后，体长长到25～30毫米时，卵黄囊基本消失，开始正常游动和摄食，即可转入幼鳝池进行培育。

（五）自然繁殖

就是不需要注射催产剂，让黄鳝自然配对产卵。

土池、水泥池都可用作繁殖池。在水面上种植一些水生植物。把选择好的亲鳝按雌雄比例 1∶1 放入繁殖池中，6～8 尾/平方米。在繁殖前 1～2 个月精心管理，喂足蚯蚓、蝇蛆、黄粉虫等饵料，经常换水，促进亲鳝的性腺发育。黄鳝产卵期间，保持环境安静，每天及时收集受精卵进行人工孵化。只要看到泡沫团状物漂浮于水面，即可用瓢、盆捞起，移到育苗池孵化。

四、鳝苗培育技术

黄鳝的苗种培育是指将体长 2.5～3.0 厘米的鳝苗培育成体长 15～25 厘米、平均体重 5～10 克的鳝种的过程。一般需要为 3～5 个月。

（一）鳝苗的摄食习性

仔鳝出膜 6 天左右，卵黄囊逐渐消失，消化系统基本上发育完善，开始从外界摄食。在自然条件下主要摄食枝角类、桡足类、水生昆虫、水蚯蚓、摇蚊幼虫等。随着体长的增长，喜食陆生蚯蚓和蝇蛆等。人工养殖时可投喂熟蛋黄、浮游动物、水蚯蚓、捣碎的蚯蚓、黄粉虫、蝇蛆等。

（二）培育池的规格要求

在环境安静、避风向阳、水源充足、水质良好，排注方便的地点建池。水泥池、土池均可，土池要在池底和池壁铺一层塑料薄膜。培育池面积以 10～15 平方米、池深 40～50 厘米为宜。池中放一些水葫芦等水生植物。池底铺 5 厘米厚的塘泥，养殖水深 10～20 厘米，池顶高出地面 10 厘米以上，防雨水入池。进、出水口需用筛绢网片将其罩住，防止鳝苗逃走。池中用木板制作长条状食台（图 5－2）。

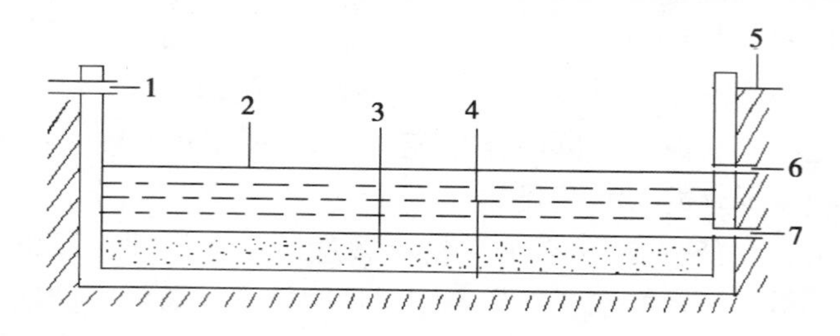

图 5－2　鳝苗培育水泥池

1. 进水口　2. 水面　3. 泥层　4. 池底
5. 地面　　6. 溢水口　7. 出水口

培育池在放苗前 10～15 天，用生石灰消毒，杀灭病菌、青蛙、蝌蚪、小鱼虾等。过 1～2 天后再注入经过滤的新水。鳝苗放养前一周施发酵腐熟的畜禽粪肥 0.5～1.0 克/平方米作基肥，同时放入适量水蚯蚓，作为鳝苗下池后的基础饵料。

（三）鳝苗培育

1. 鳝苗放养

施基肥 5～7 天后，当培育池中出现大量的浮游动物、水蚯蚓时即可放鳝苗入池。在 8：00～9：00 或 16：00～17：00放养，放养密度为 300～400 尾/平方米。放养的鳝苗规格要基本一致，一次放足，防止规格相差过大，出现大吃小的现象。放养时要注意盛鳝苗容器的水温与放苗池的水温温差不要超过 3℃。

2. 投喂

在鳝苗下池后 3 天内，投喂水蚯蚓碎片和浮游动物。如没有水蚯蚓和浮游动物，也可采集陆生蚯蚓剁碎投喂。还可以投喂一部分蛋黄浆、鱼肉浆等。3 天后，可投喂整条水蚯蚓。第一次分养后可投喂蚯蚓、蝇蛆、杂鱼肉浆，兼喂一些麦麸、米饭、瓜果和菜屑等。第二次分养后，可投喂蚯蚓、蝇蛆、黄粉虫及其他动物性饲料，也可配合投喂鳗鱼种饲料。黄鳝不吃腐臭食物，不投喂变质的饵料，残饵要及时清理。

（1）驯食。开始投喂时要先进行驯食。方法是开始时在每天傍晚全池投饵料，以后逐日提前时间并缩小投喂范围，逐渐过度到白天在食台定时投喂，一般经7～10天的驯化即可。以后饲料要投在食台上，做到“四定”投喂（图5－3）。

图5－3　活动饵料台

（2）投喂量。必须为鳝苗提供优质、充足的饵料。刚开始正常投喂时，日投喂量为鳝鱼体重的6%～7%，所投喂的饵料2～3小时内吃完为宜。鳝苗体长达3厘米时进行第一次分养，日投喂量为鳝苗体重的8%～10%。第二次分养后，日投喂量约占鳝体重的10%～15%。每天投喂2～3次。到12月份，鳝苗一般均能达到15厘米以上的规格。

3. 日常管理

（1）做好水质调节工作。鳝池水质要求清洁、富氧。鳝苗下池1周左右先排掉老水，再加入新水改善水质。以后每隔2～3天注水1次，每次注3～5厘米，使水深保持在10～15厘米。高温季节要勤换水，水温保持在30℃以内最好。换水时间安排在傍晚前后进行，注水要缓慢，勿冲起底泥。

（2）水温调控。夏季高温季节，在池面上空搭设阳棚、水面种植一定数量的水葫芦遮阳，鳝池中放入竹筒瓦管，做成人工洞穴，也可采取换水降温的方法调节水温。

（3）勤巡池。每天早、中、晚3次检查防逃设施，观察鳝苗动态，及时捞除污物、堵塞漏洞；注意水质变化，防止水质过肥，发现幼鳝出穴，将头伸出水面呼吸，要及时注入新水增氧。

4. 分养

为防止个体大的黄鳝咬伤、咬死甚至吞食个体小的黄鳝，降低密度，鳝苗下池养殖15天左右，体长达到3厘米时进行第一次分养。方法是在鳝苗集中摄食时，用密眼抄网将规格大、身体健壮、摄食能力强的鳝苗捞出，放在另池饲养，放养密度为150～200尾/平方米。小的继续留原池养殖。鳝苗经1个多月的饲养，体长长至5厘米时，进行第二次分养，放养密度为100尾/平方米左右。

5. 病害防治

主要是防止水霉病的发生。在低温易发病季节，每立方米水用水霉净0.15～0.3克对水全池泼洒。

五、成鳝养殖技术

成鳝养殖是指将体重10克左右的鳝种养到100克以上的食用鳝的过程。成鳝的养殖方式主要有小水体有土静水养殖、无土流水养殖、网箱养殖等。

（一）有土静水养殖

1. 养鳝池的建造

在环境安静，避风向阳的地方建造养鳝池，水泥池和土池均可。要求水源充足，水质无污染，富氧，pH值为7～8.5。一般江河、湖泊、水库是良好的养殖用水。不宜用工厂废水、生活污水、稻田水养殖黄鳝。

养鳝池的形状为方形、圆形、椭圆形，以长方形和椭圆形最为常用。池子面积10～100平方米，以20～30平方米为佳。池深1.0米左右，其中，土深30～40厘米，养殖水深10～20厘米，水面以上30～50厘米。鳝池建成后，在池内种植一些水浮莲、水葫芦、浮萍等，供黄鳝隐藏休息。在池子上方搭设遮阳棚，池四周种些瓜类，遮挡阳光、降低水温，利于黄鳝的生长。在池子底部，投放一些瓦管等物，制造人工洞穴，模拟黄鳝生长的生态环境。

水泥池：池壁用砖或石浆砌或混凝土浇注，高出地面10厘米以上，防止雨水流入池内。池壁上沿向池内方向伸出成“┏”形倒檐，防止黄鳝逃跑。池壁、池底用水泥抹面。进水口高出水面30～40厘米。排水口安装在泥面上，以能将池水全部排出为宜。在离池底约50厘米处，开一溢水口控制水位。排水口和溢水口要安装防逃装置。在池底铺30～40厘米厚的含有机质较多的土壤给黄鳝打洞（图5－4）。

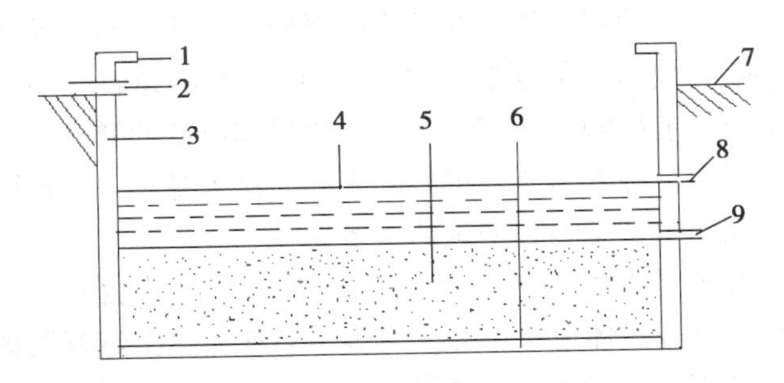

图5－4 成鳝养殖水泥池

1. “┏”形倒檐 2. 进水口 3. 池壁 4. 水面
5. 泥层 6. 池底 7. 地面 8. 溢水口 9. 出水口

土池：在土质坚硬、黄鳝不能打洞的地方可建土池。建池时从地面向下挖 40 ~ 50 厘米，用挖出的土做埂，埂宽 1 米左右，高 50 ~ 60 厘米，层层夯实。在池底及池四周铺一层塑料薄膜，在膜上堆 20 ~ 30 厘米厚的有机土层。池壁顶端用油毡或塑料薄膜制成防逃出檐。埋设好进、排水管（图 5 – 5）。

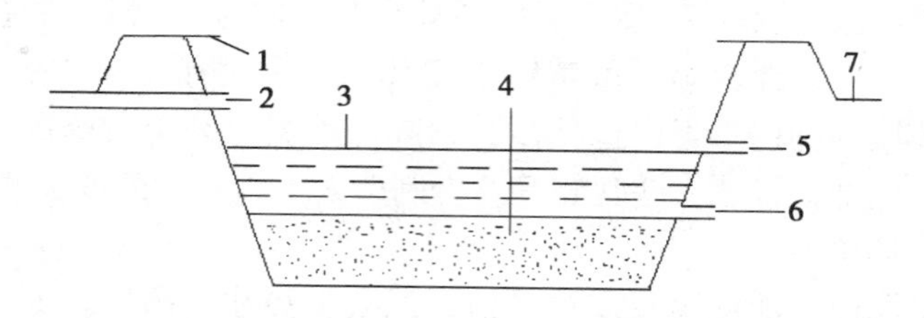

图 5 – 5　成鳝养殖土池

1. 防逃出檐　2. 进水口　3. 水面　4. 泥层
5. 溢水口　6. 出水口　7. 地面

2. 鳝种放养

（1）鳝种来源。每年到春季，水温上升到 15℃以上，经越冬的鳝种纷纷出洞觅食，这时可在稻田、河沟、渠道中用笼捕捉野生苗种养殖。捕捉方法是在傍晚时将鳝笼放在黄鳝活动处，内置黄鳝喜吃的诱饵（如蚯蚓），次日黎明时将鳝笼收回即可捕到黄鳝。从市场上采购鳝种养，不要用钓捕和电捕的鳝种。

人工繁殖苗种养殖是最可靠的来源，这种鳝种下池后成活率高，是规模养殖黄鳝鳝种来源的主要途径。

（2）鳝种质量与规格。体表无伤无病、活动能力强、体质健壮、规格整齐、体色深黄并杂有大斑点或体色土红有黑斑为优质鳝种；体表破损受伤、体色发白、黏液减少、肛门红肿、断尾烂尾和瘦弱、反应迟缓的个体为劣质鳝种。

鳝种规格要求在 10 克以上，最好是 20 ~ 40 克的个体。同池放养的鳝种要求规格整齐，大小一致。

（3）放养前的准备。养过鳝的池子，放养前要更换底泥或清除表层过肥的淤泥，底泥厚度保持在30厘米左右即可。在放养前10天左右用生石灰对水泼洒对养鳝池消毒。放种前3～4天注入新水，将水深控制在15厘米左右。放养前一天放入若干尾鲢鱼或鳙鱼种试水，检查池水毒性是否消失。

（4）放养时间和放养密度。当春季水温上升到15℃时即可放养鳝种。放养密度根据鳝池大小、鳝种规格、放养时间、水源、水质条件、饲料供应情况和管理水平等因素来确定。一般每平方米放养体重25克的鳝种80～120尾。放养前可用4%的食盐水浸洗鳝种5～10分钟或用10～20毫克/千克的高锰酸钾水溶液药浴10～20分钟进行消毒。

在池中搭配放养占黄鳝5%左右的泥鳅，可防止黄鳝因密度过大而引起的互相缠绕，减少疾病发生。

3. 饲养管理

（1）投饵。黄鳝以肉食性为主，兼食一些植物性饲料，喜食活饵料。经过驯化，可投喂配合饲料。

①黄鳝饵料的来源：一是人工培育蚯蚓、蝇蛆、黄粉虫等动物性饲料；二是在成鳝池中套养一些青蛙、蟾蜍，使其自行繁殖孵化出蝌蚪，为黄鳝提供活饵；也可在池水中混养一些适应浅水生活的鱼类，如食蚊鱼等，使它们在池中繁殖出鱼苗，供黄鳝食用；三是利用屠宰场的下脚料及禽畜血、内脏作饵料投喂；四是在鳝池中央上方距水面20～30厘米处安装黑光灯诱虫为饵；五是从稻田、水沟中采集福寿螺去壳投喂。

大规模养殖用黄鳝专用配合饲料投喂。

②驯食：黄鳝对饵料选择性较强，在饲养初期需要驯食。方法：刚入池的前3天不投喂饲料，使黄鳝适应养殖环境并处于饥饿状态。第4天在池的四周设置好食台，视鳝池大小而定食台的多少，一般20平方米左右的池子设4个食台，然后注入新水，于傍晚投喂，投喂量控制在鳝种总重的1%范围内。开食时模仿

天然鳝种摄食习惯，先投喂黄鳝最喜吃的新鲜切碎的蚯蚓、螺、蚌肉等，如能配合适当进、排水造成微流水效果更好。第二天早上进行检查，如果全部吃光，当天可增投到2%～3%；如果未吃完，则要将残饵捞出，仍按原量再投喂。驯食约1周后，黄鳝形成摄食人工饵料的习惯，再逐步用其他饵料如蝇蛆、豆饼、煮熟的动物下脚料以及配制的人工饲料和蚯蚓糜等混合后投喂，第一天可取代引食饲料量的1/5，以后每天增加1/5的量，5天后就可完全投喂人工饲料。以后每天投饲时间逐渐提前1～2小时，直至白天投喂。

③投喂方法：遵守“四定”原则投喂。水温在20℃以下或30℃以上时，每天投喂1次，20℃以下在14：00～15：00投喂；30℃以上在16：00～1：00投喂。水温在20～30℃的范围内，8：00～9：00和16：00～17：00时各喂一次。其中上午投喂量占日投喂量的40%左右，下午占60%左右。

④日投喂量：水温在20～30℃时，鲜活饲料为黄鳝体重的6%～10%，配合干饲料为2%～3%；水温在20℃以下、30℃以上时，投喂量鲜活饲料为鳝体重的4%～6%，配合干饲料为1%～2%。一般投饲后要求在1.5～2小时之内吃完所投饲料，避免残剩饵料污染水质。

饲料要求新鲜，如不是鲜活动物最好煮熟后投喂，不投喂发霉变质的饲料。

（2）水质调节。要保持良好的水质，生产上常用换水和泼洒石灰水的方法来实现。正常情况下，夏季每1～2天换水1次，每7～10天泼1次生石灰水，使pH值保持在7.0～8.5；春秋两季，每3～5天换水1次。注入水与原池水的温差不能超过3℃，否则易使黄鳝因温度骤变而引起死亡。

（3）防暑降温。黄鳝最适生长水温为24～28℃。夏秋季节阳光充足，日照时间长，加上鳝池水浅，如果养殖池完全暴露在太阳下，白天水温可迅速上升到30℃以上，影响黄鳝的生长，严重时可导致黄鳝中暑，危害很大。因此，要特别注意做好防暑降温工作。鳝池降温措施如下。

①搭荫棚降温：在鳝池的上方搭设荫棚遮挡午间烈日直射。荫棚的搭设可以借助池边植物的藤蔓或用遮阳网与稻草帘等覆盖物构成。但要注意覆盖物不宜过密，既起到遮阳的作用，又可保证池水有一定的光照。

②在鳝池内种植浮水植物降温：在成鳝池水面上投放适量水葫芦、水浮莲遮阳降温。注意水生植物的覆盖面积不要超过池水面积的1/2。

③换水降温：最好用地下水降温，一次加水不宜过多，防止温差过大引起鳝鱼感冒致病。有条件的地方，可在高温季节终日微流水降低池水温度。

（4）日常管理。水质肥度监测：每天注意观察池水的肥度变化。如池水出现浓绿色、墨绿色，说明池水过肥，要注入新水。如晚上不见黄鳝露出水面，可能是水质变坏了，要立即换水。

①水温测定：在高温季节，每天早中晚三次测定池水温度。如果水温超过30℃，要立即采取降温措施。

②防逃：要经常检查进、出水口的防逃网是否损坏，尤其是下雷暴雨时，防止黄鳝逃走。

③调节池水深度：池水过深，影响黄鳝吃食、呼吸；池水过浅水温水质又易变化。一般需稳定在10～20厘米，最深不能超过30厘米。

防家禽、家畜及水蛇等敌害生物进入鳝池捕食黄鳝。

④防止缺氧：每天清除残饵、污物，经常加注新水防止缺氧。如遇黄鳝纷纷出洞，将头伸出水面，反应迟钝，要立即换水。

（5）防病。防止黄鳝发病，着重注意为黄鳝创造良好的生活环境，对水源特别注意，防止农药、工业污水注入鳝池，同时，对收集到的饲料要严格挑选，防止病从口入。在养殖过程中，每周泼洒一次消毒剂，主要使用二氧化氯，交替使用生石灰等，同时，使用氟哌酸等抗菌药内服。具体可参阅病害防治部分。

（二）无土流水养殖

无土流水养殖具有生长快、产量高、捕捞方便等特点，但建池投资高，需要较好的管理和养殖技术。

1. 无土流水池的建造

在水源充足，水质无污染，能自流自灌的地方建池。饲养池建在室内最好，如建在室外，必须搭设遮阳棚。池子用砖或石块砌成，水泥抹面，面积3～5平方米，方便池水交换，如超过10平方米，水的交换不彻底。池深50厘米，养殖水深为10～15厘米。在池子的相对位置设直径3～4厘米的进水孔1个和排水孔2个，进水孔与池底等高，排水孔一个与池底等高，另一个高出池底15厘米，孔口都装有金属网罩以防逃。可采用若干个池并成一排，将几排池又组合排列在一起，排与排之间各设一条进、排水水渠。池建好后，先经去碱处理，然后注入新水，保持每个水池有少量流水（图5－6）。

2. 鳝种放养

流水无土养鳝最好自行繁殖培育苗种。放养前，鳝种用5%的食盐水进行消毒5分钟。每平方米放150尾左右，如养殖条件好的，每平方米最高放养量可达200尾。

3. 投饵

驯食方法及饵料种类、投喂量同静水养殖。驯食成功后，“四定”投饵。饵料的投放位置在进水口一边。

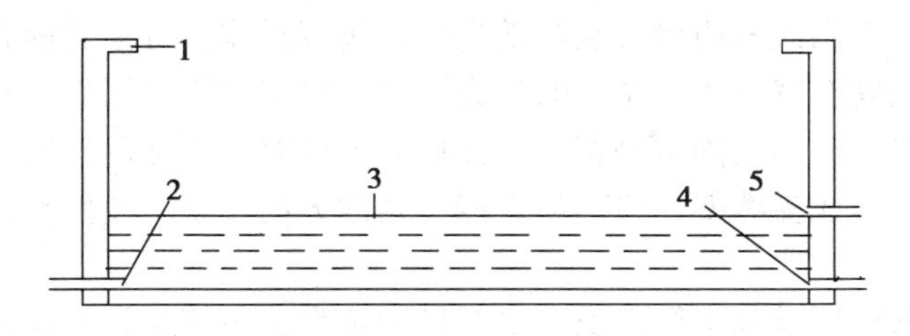

图 5-6 无土流水养殖水泥池

1.“┏”形倒檐 2. 进水口 3. 水面 4. 出水口 5. 溢水口

4. 饲养管理

无土流水养殖，水质清洁，氧气含量高，水温变化小，只要饲料充足，黄鳝可快速生长。在池中投入漂浮水生植物进行适度遮光，并给鳝鱼营造一个隐蔽的环境，但要注意防止其根部吸污，要经常清洗。注意保证水流畅通，防止禽、蛇等敌害的侵害。如发现病鳝要及时挑出并分析原因，对症治疗。饲养过程中出现大小不均时要及时分池，防止出现大吃小的现象。

（三）网箱养殖

在江河、湖泊、池塘等水体架设网箱养殖黄鳝，是一种高效的养殖方式。

1. 网箱放置地点的选择

要求设置网箱的水体无污染，水中溶氧充足，pH 值在 7.0~8.5，避风向阳，水位升降幅度小，水域周边安静。在池塘设置网箱，以池塘面积 6 000~10 000 平方米、水深在 1.0 米以上、池底相对平坦、有少量的底泥的为好，每口鱼池至少设置 1 台增氧机。

2. 网箱的制作与放置

网箱面积以 10~20 平方米为好。网箱用网目规格为 30 目左右无结聚乙烯网布制作成长方形，长、宽视池塘的具体情况而定。网箱可制成敞口式五面网箱；也可以制作成全封闭式的六面网箱，在箱面的边缘安装拉链进行投饵等操作。五面式网箱在箱口的四周有宽0.4米左右的防逃倒檐。网箱框架可用木、竹或钢材制成，目的是固定网箱。在无框架架设时，要在网箱四个角打角桩，形成支撑架，将网箱往四个角的方向拉紧，使网箱固定在水中。

网箱架设分单箱架设和多箱排列架设。单箱架设只要求将网箱拉紧固定；多箱排列架设还要考虑箱与箱的间距和行距，一般间距要求在1.0米左右，行距2.0米左右。网箱的面积不超过池塘面积的50%。不论是单箱还是多箱，都要将箱体上端离水面约40厘米高，以防逃鳝，网箱沉水深度为1米。

在网箱周围搭日常观察及管理的浮架，在网箱中搭设食台。食台一般用木板制成小长方形的框状，边高为0.1米、边长0.4米×0.6米，框底为聚乙烯编织围成，食台固定在箱内水面下0.1~0.2米处。一般10平方米左右的网箱设置食台1~2个，20平方米以上的网箱可设置2~3个。

在鳝种放养前半个月，先把网箱沉入水中，使网衣着生藻类，防止网箱擦伤鳝体致病。在网箱内种植一些水葫芦或水花生等浮水植物以供黄鳝遮阳及躲藏，种植面积占箱面积的2/3左右。

3. 鳝种放养

在春季水温上升到15℃以上时放养鳝种。鳝种进箱前要先用4%的食盐水浸洗消毒。要求同一网箱要一次放足规格大小基本一致的鳝种，出箱时得到规格大致相同的成鳝。放养规格一般要求每千克为20~40尾，即每尾25~50克左右，以50~100克/尾的生长最快。放养量为每平方米网箱放养鳝种100尾左右，江河、湖泊养殖可适当多放，池塘养殖要少放。在黄鳝驯食结束后每平方米放养20尾泥鳅，可防止黄鳝发生缠绕，并清除箱中残饵等；网箱中也可套养少量的鲮鱼清除网衣上的附生藻类，防止网眼堵塞。

4. 投喂

鳝种入箱后，由于尚未适应养殖环境而食量减少，需经几天驯食才能正常摄食。驯食方法与池养相似，一般经过7～10天即形成摄食习惯。

每天投喂2次，宜在6：00～7：00和17：00～18：00，上午投喂量占日投量的40%，下午投喂量占日投喂量的60%。在刚开始投喂的前几天，日投喂量占鳝总重的2%，以后逐渐增加到4%～5%。6～9月高温季节是黄鳝生长旺季，日投喂量宜为6%～8%。当冬季水温降到15℃时，投喂量也随之降到3%左右。动物性食物投喂时可用5%的食盐水消毒。

5. 日常管理

主要有池塘水质管理、箱体的管理与养护、水草的管理与培养、摄食的观察与残饵的清除以及适时分养、捕大留小等方面。

（1）水质的管理。在池塘中设置网箱要注意池水的变化，经常换水，保持水质清新，防止池水老化变质，在面积小的池塘中尤其要注意。定期用生石灰消毒池水，保持水位稳定等。

（2）网箱的管理与养护。网衣破损是造成黄鳝逃逸的最常见现象。每天要坚持早晚巡箱，查看箱体是否受到损坏、网眼是否被藻类堵塞，影响水体的交换。每7～10天洗刷网衣1次；大风及暴雨后要及时检查箱体，检查网箱四角的绳索是否松动，箱内水草是否被风吹成堆，食台有无被掀翻。发现网衣破裂要及时修补。

（3）箱内水草的管理。水草有遮阳降温和供黄鳝栖息之用，但如果水草的高度达到箱面，黄鳝就可通过攀爬水草逃走。因此，在养殖过程中要注意防止水草生长过盛，及时割短水草，同时，要及时捞出枯死腐烂的水草。

（4）分级饲养和捕大留小。在饲养一段时间后也会出现个体差异，此时要及时分级饲养，将大小不同的个体分开养殖。捕大留小就是根据黄鳝的生长情况及市场情况将大个体黄鳝捕起上市，留下小个体黄鳝在密度较稀的情况下强化饲养，尽快达到上市规格。

六、黄鳝越冬

黄鳝在冬季水温下降到10℃时停止摄食，潜入洞穴中冬眠。在水中，只要池水不整池结冰，一般不会被冻死。为提高黄鳝的越冬成活率，在水温下降到15℃前要加强投喂优质饲料，增强黄鳝的体质。

用有土养殖池作为越冬池。越冬方法可采用深水越冬法和排干水越冬法。

（1）深水越冬法。黄鳝进入越冬期之前，将池水加深至1米左右，让黄鳝钻入水下底泥中冬眠。如若遇霜冻天气，池水结冰，应及时进行人工破冰，防止长时间冰封鳝池而导致越冬的黄鳝缺氧窒息。若遇气温较高，黄鳝白天还会出洞呼吸与捕食，可适当投喂。

（2）排干水越冬法。当冬季鳝池水温下降到10℃左右时及时排干池水，为防止冰冻，在泥面上铺盖一层稻草，使越冬土层的温度始终在0℃以上，避免黄鳝冻伤；但覆盖层不能过厚，防止造成闭气致使黄鳝闷死。雨雪天要做好排水除雪工作，不使池中有积水。池内不堆压重物，以免压实黄鳝洞穴，造成通气不畅，影响黄鳝呼吸。越冬期间要严加防护，防止老鼠进入池中打洞。

有条件的地方，可在越冬池上搭设塑料薄膜大棚，通过人工增温，使黄鳝在冬季正常生长。

七、成鳝的捕捞和运输

（一）成鳝的捕捉方法

1. 诱捕法

一是用鳝笼诱捕。鳝笼用竹篾编成，直径为20厘米，长40厘米，中段较大，两端口较小，在端口处做活动的向里带有倒刺的竹罩。用一节直径5厘米的竹筒装黄鳝喜食的活蚯蚓作诱饵，筒口用密网扎紧，将竹筒塞入诱鳝笼里。然后将诱鳝笼置于鳝池水底，用手压入泥土3～5厘米固定，使笼身中段有少部分露出水面。傍晚下笼，每2小时收捕一次。二是用网片诱捕。将1～2平方米的细网眼网片平置于池底水中，然后将黄鳝喜欢吃的蚯蚓撒入网片中间，并在饵料上铺盖芦席，15～20分钟后将网片的四角同时提出水面捕捉。

2. 冲水法

先将池水排出1/2，再从进水口注入微量清水，出水口继续排出与进水相等的水量，同时在进水口处放入一块的网片，网片的四角用十字形竹竿固定，沉入池底，每隔10分钟起网一次。也可在养殖池的进水口处安装一块三面围住的网罩，留一面开口向养殖池，待傍晚时分，在进水口处放入微流水，过十多分钟捕捉一次。

3. 干池法

先把池水排干，把池子四角的泥清除到池外，然后用双手依次翻泥捕捉。冬季要全部捕完，可先将池水排干，数天后待泥土能挖成块时，用铁锹翻土取鳝，在操作过程中一定要细心，避免碰伤鳝体。

（二）成鳝的运输方法

运输黄鳝的方法很多，常见的运输方法有干法运输、带水运输和充氧运输。长途运输的黄鳝，在捕捉后需先暂养几天，待黄鳝把体内的粪便排泄干净后再运输，有利于提高运输成活率。

1. 干法运输

干法运输多用于小批量短距离的运输，运输时间一般在 24 小时以内。

运输工具有竹篓、塑料桶、铁皮箱、饲料袋、麻袋等。运输前先在容器底部放入适量水草或其他细软物，以利鳝体保持湿润。黄鳝的装载量，一般堆装厚度为 20 ~ 25 厘米，不宜过大，以防黄鳝在运输途中被闷死或压死。运输途中要做好通风、降温、保湿、防挤压等工作。装载容器须留有若干通气孔通风散热。在夏秋季高温季节运输可在装载容器盖上放置冰块，让冰块滴水降温，但冰块不能直接接触鳝体。每 2 ~ 3 小时向容器内淋水 1 次，保持黄鳝皮肤湿润。运输过程中避免阳光照射。

2. 带水运输

带水运输适宜于大批量长途运输。运输工具有鱼篓、木桶、塑料桶、帆布桶等。装鳝和水后，容器内要留有一定的空间，让黄鳝把头伸出水面呼吸，容器口用网片扎紧，防止黄鳝逃跑。装载密度，一般黄鳝的装载量与水量等重，装载黄鳝后的水面高度达到容器高度的 2/3 处。在运输过程中要经常拨动鳝体，以利黄鳝进行呼吸。若天气闷热，可在容器上放置冰块降温。运输途中如容器内水质变坏要及时更换新鲜水。

（三）充氧运输

采用规格为 70 厘米 ×40 厘米的双层尼龙袋，每袋可装成鳝和水各 10 千克。夏季高温天气用尼龙袋充氧运输，装袋前需采用逐级降温（每级 5℃左右）的方法将黄鳝体温和装载水温降到 10℃左右。方法：如暂养池水温为 25℃，将黄鳝从暂养池中捕出，放在 18 ~ 20℃的水中暂养 20 ~ 30 分钟，然后将黄鳝捞出，转放到 14 ~ 15℃的水中暂养 5 ~ 10 分钟，最后再将黄鳝放到 8 ~

12℃水中暂养5分钟左右即可装袋、充氧、封口，并将尼龙袋放入纸箱内运输。尼龙袋充氧运输成活率很高，是目前最好的运输方法。

八、黄鳝病害防治技术

（一）出血病

（1）病原体。嗜水气单孢菌。

（2）症状。病鳝体表呈点状或斑块状弥漫性出血，以腹部最明显，其次是身体两侧，体表无溃疡，身体失去弹性，呈僵硬状。咽喉、口腔充血并伴有血水流出。剖腹，可见腹腔具血水，肝脏肿大色淡，有的有出血斑，肝、肾出血，肠道发炎充血，无食物，内含黄色黏液，肛门红肿。

本病发病快，严重时死亡率达90%以上，流行季节为4~10月份，6~9月为高峰期。

（3）防治方法

①每立方米水用三氯异氰脲酸0.4~0.5克对水全池泼洒。

②每立方米水用氧化氯10克对水浸洗病鱼5~10分钟。

③每100千克黄鳝用2.5克氟哌酸拌饵料投喂，连续5天。

（二）肠炎病

（1）病原体。黄鳝吃了腐败变质的饵料被细菌感染引起。

（2）症状。病鳝体色发黑，头部更明显；腹部出现红斑，肛门红肿，轻压腹部有血水流出；肠道局部或全肠充血，呈紫色，肠内无食物。

本病主要发生在4~10月，在水温25~30℃，是该病适宜流行温度。发病快，死亡率高。

（3）防治方法

①每立方米水用生石灰15克对水全池泼洒。

②每50千克黄鳝用0.5千克大蒜捣烂拌饵料投喂，连喂6天。

③在流行季节，每半个月泼洒一次三氯异氰脲酸药液，每立方米水用药0.4克。

④内服：每千克鱼用10~15毫克氟哌酸拌饲料投喂，连续5~7天；每千克鱼用氟苯尼考10毫克拌饲料投喂，连喂4~6天。外用：每立方米水用二氧化氯0.5克对水全池泼洒。

（三）打印病

（1）病原体。点状产气单孢菌点状亚种。

（2）症状。发病初期病鳝体表出现圆形或椭圆形红斑，以腹部两侧较多，红斑处表皮坏死腐烂，其边缘皮肤充血发炎，轮廓分明，病灶最后形成溃疡，甚至露出骨骼及内脏。病鳝游动缓慢，摄食少。

本病终年可见，以4~9月多发。

（3）防治方法

①用4%食盐水浸洗病鳝5~10分钟。

②每立方米水用0.2~0.3克二溴海因对水全池泼洒。

③每立方米水用强氯精0.4克对水全池泼洒，连用3天。

（四）水霉病

（1）病原体。水霉菌。

（2）症状。黄鳝因皮肤外伤被霉菌感染而引起。发病初期病鳝症状不明显，几天后病鳝体表的病灶部位长出棉絮状的菌丝，病灶处肌肉腐烂。鱼卵及幼苗、成鱼均可发病。

主要在气温较低的季节流行。

（3）防治方法

①避免鱼体受伤。

②全池泼洒食盐和小苏打合剂，每立方米水用食盐400克、小苏打400克，可促进伤口愈合；或每立方米水用亚甲基蓝2~

3 克对水泼洒。

（五）发热（烧）病

（1）病因。由于黄鳝放养过密，未能及时换水，鳝体分泌大量黏液积聚，在水中发酵分解，放出大量热量，使水温升高到40℃以上。

（2）症状。病鳝极度焦躁不安，相互缠绕，使底层黄鳝缠绕成团致死，造成黄鳝大批死亡，死亡率有时可达 90%。是黄鳝人工养殖过程中的主要疾病之一。

（3）防治方法

①降低密度，经常换水，保持水质清新，及时清除死亡个体。

②运输时适时换水。

③使用青霉素泼洒，用量为 1.2 万单位/千克水体，抑制细菌繁殖。

④发病后进行换水，降低水中黏液浓度，提高水中溶氧量，保持水质清新，一般可恢复正常。

⑤水泥池无土流水养鳝采用遮阳网、窗纱布等遮盖，使黄鳝处于一种阴暗隐蔽的环境中。也可放入一些漂浮水生植物遮阳。

（六）毛细线虫病

（1）病原体。毛细线虫。细长如线，体长 2～11 毫米。

（2）症状。虫体以头部钻入黄鳝肠壁黏膜层，少量寄生时，没有明显外观症状；当虫体大量寄生时，病鳝出洞不归，身体呈卷龙状运动，头部颤抖，消瘦直至死亡。该病主要危害当年鳝种，大量寄生时引起幼体死亡。

（3）防治方法

①放养前用生石灰清塘，杀死虫卵。

②每立方米水用晶体敌百虫 0.5 克对水泼洒，第二天换水。同时，按每千克鳝用晶体敌百虫 0.1 克，拌蚌肉或蚯蚓浆投喂，

连喂5~6天。

（七）嗜子宫线虫病

（1）病原体。嗜子宫线虫。雌虫长10~13.5厘米，血红色，故又俗称“红线虫”。

（2）症状。虫体在黄鳝肠道和腹腔寄生，影响黄鳝的生长，严重时可导致死亡。

（3）防治方法

①彻底消毒养殖池。

②每立方米水用硫酸铜与硫酸亚铁合剂（5：2）0.7克对水全池泼洒，2天1次，3次为一疗程。

③按每1 000克蚯蚓用90%的晶体敌百虫2.5克的比例拌合投喂，连喂3天。同时全池泼洒晶体敌百虫一次，每立方米水用药0.3克。

（八）棘头虫病

（1）病原体。隐藏棘衣虫。虫体较大呈圆筒形，乳白色，肉眼可见。

（2）症状。虫体主要寄生在病鳝近胃的肠壁上，以带钩的吻，钻进肠黏膜内，吸收寄主营养，常引起病鳝肠壁、肠道充血发炎，鱼体消瘦。大量寄生时，会引起肠道阻塞，严重时造成肠穿孔，病鳝死亡。该病终年可发生。

（3）防治方法。每立方米水用90%的晶体敌百虫0.5克对水泼洒，杀灭虫体的中间宿主剑水蚤；同时按每千克黄鳝用晶体敌百虫0.1克拌饵投喂，连喂6~7天。

（九）中华颈蛭病

（1）病因及症状。中华颈蛭吸附在黄鳝体表、鳃，吸取黄鳝的血液，妨碍黄鳝的呼吸，引起细菌感染等，使黄鳝活动迟缓，食欲减退，影响生长甚至引起死亡。

（2）防治方法

①用生石灰清池，杀死蚂蟥。

②诱捕蚂蟥，用一老丝瓜络浸入鲜畜、禽血中，待血灌满丝瓜络并凝固后放入水中，约30分钟左右，取出杀灭蚂蟥。经反复数次即可基本捕净蚂蟥。

③用3%食盐水浸洗鳝体5～10分钟。

第六章 胡子鲶

胡子鲶，俗称塘角鱼、土塘角鱼、塘虱鱼，在分类上隶属于鲶形目、胡子鲶科、胡子鲶属。

胡子鲶分布于长江和长江以南各水体中，栖息于河川、池塘、水草茂盛的沟渠、稻田和沼泽中的黑暗处和洞穴内，有辅助呼吸器官，能从空气中获取氧气，具有很强的抗低氧能力。耐寒力差，温度低于6℃时出现死亡。胡子鲶肉质细嫩，味道鲜美，营养丰富，有滋补功效，是深受人们喜爱的滋补食品之一，有较高的经济价值。

人工养殖胡子鲶具有生长快，养殖周期短，饲养成本低，病害少等特点，同时，具有占地少、投资小、见效快、易管理、好运输、产量高、效益好等优势，是一个很有发展前途的名特优养殖品种。

一、生物学特性

（一）形态特征

鲜活胡子鲶体色一般呈金黄色、棕黄色或黑褐色，腹部色泽较淡，背部较浓。生活在不同的水环境，体色略有差别。全身光滑无鳞，体侧散布一些不规则的白色小斑点，侧线完全。

体延长，背鳍起点向前渐平扁，向后渐侧扁。头部扁平，宽而坚硬，头腹面平直，背面斜平，呈楔形或犁头状。头顶及两侧由骨板组成，外包皮膜。颅骨后部突出，成三角形，末端圆钝。须四对。眼小，前侧位，眼间距较宽。口宽大，弧形，略下位，下颌较上颌略短，上、下颌有绒毛状齿带。鼻孔二对，前后分离，前鼻孔管状，近吻端，后鼻孔为圆孔状，位于眼前方。鳃腔内有树枝状辅助呼吸器官，能从空气中获得氧气。

侧线较平直，侧中位。背鳍1个，很长，约占体长的2/3，无硬刺，其起点约位于胸鳍末端之上方。臀鳍较背鳍短，无硬刺。胸鳍低，侧下位，有1硬刺，其内缘很粗糙，呈钝锯齿状，外缘几乎光滑。胸鳍硬刺有毒腺组织。腹鳍腹位，小，无硬刺。尾鳍不与背鳍、臀鳍相连，后缘圆（图6－1）。

图6－1　胡子鲶

（二）生活习性

胡子鲶对水质的适应能力强，能在溶氧量几乎为零的水域中生活，溶氧量达到0.8毫克/升以上即能正常生长；在盐度为0‰～25‰，pH值为5～8.5的范围内均能正常生长。喜欢底栖生活，除了在水中缺氧及觅食时上浮到水表层外，很少在水的中上层活动；怕强光，喜欢栖息在阴暗处，有很强的穴居和聚居的习性，常几十至数百尾鱼聚集在一个洞穴中，白天群居，夜间四出活动觅食。有一定的打洞能力。如果池水干涸，胡子鲶便把身体埋入淤泥中，只露出口进行呼吸，只要淤泥潮湿，胡子鲶可数十日不死。

胡子鲶致死高温约为38℃，致死低温为5～6℃，适温范围为18～32℃，在24～30℃生长最快。当水温降到12℃以下时处于冬眠状态，不活动不摄食。冬季多潜入洞穴聚居或钻入泥层中避寒越冬，如遇到特大寒流而找不到妥当的隐藏场所，胡子鲶就可能被冻死。

胡子鲶是一种以动物性饵料为主的杂食性鱼类，摄食量随季节、天气、水温、溶氧及饵料种类等的不同而有差异。生性贪食，在摄食旺季，最大摄食量可达鱼体重的15%。

胡子鲶属于中小型鱼类，在自然条件下生长速度比较慢，当年鱼苗到年底一般只能长到100～150克；人工饲养条件下，其生长速度显著加快，5厘米左右的鱼种经4～5个月养殖即可达到上市规格。雄性胡子鲶的生长速度比雌性胡子鲶要快，性成熟后更加明显。

（三）繁殖习性

胡子鲶的性成熟年龄比较早，一般一冬龄体重50克左右即达到性成熟，可以进行繁殖。在自然条件下，胡子鲶的繁殖季节为每年4～9月，其中，5～7月为繁殖盛期。当水温达到18℃以上时，亲鱼可开始产卵，繁殖的适宜水温为20～32℃，最适宜繁殖水温为24～30℃。在人工加温条件下，一年四季均可进行繁殖。

在天然水体中，胡子鲶有筑巢产卵的习惯。繁殖时，雌雄鱼相互追逐，游至鱼巢产卵，受精卵黏附在鱼巢上孵化。产卵受精完成后，雄性亲鱼留下保护受精卵孵化直至鱼苗能自主摄食。产卵活动多发生在雨后的清晨或夜晚。

胡子鲶一年可产卵4～6次，营养条件良好时产卵间隔为25～30天。怀卵量随个体的不同而有所不同，一尾体重为100克的胡子鲶怀卵量大约为5 000粒，第一次产卵量为其怀卵量的70%，以后逐渐减少。胡子鲶卵具黏性，属沉性卵，卵圆形，卵径为1.7～1.9毫米，呈淡绿色或金黄色。

受精卵孵化的适宜水温为23～33℃，最适孵对水温为25～

30℃，孵化临界低温为18℃，临界高温为36℃。受精卵在25～30℃的水温下，约经20～24小时孵出鱼苗。

二、饲料种类

在自然条件下，胡子鲶以捕食水域中的小鱼、小虾、水生昆虫、水蚯蚓、摇蚊幼虫为主，也摄食动物尸体、幼嫩的水生植物以及腐殖质。人工养殖时可利用小杂鱼虾、螺蚌蚬肉、蚕蛹、蚯蚓、蝇蛆、黄粉虫、动物内脏、猪牛血等作为饲料，也可以投喂豆饼、米糠、花生麸等植物性饲料和胡子鲶专用配合饲料。

三、人工繁殖技术

胡子鲶人工繁殖的技术要求不高，方法简便，容易掌握，只需准备简单的工具，在房前房后临时搭建简易池子就可进行。

（一）亲鱼选择

用来做亲鱼的胡子鲶可在繁殖季节从天然水域中捕获，亦可从市场上收购培育或从养殖的成鱼中选择。应选择体质肥壮生猛、无病无伤、个体大小、体型基本一致的性成熟胡子鲶作为亲鱼，以保证后代有较快的生长速度和抗病能力。一般体重在100克以上的就可选作亲鱼，如能选择200克以上的个体就更好。从人工养殖的胡子鲶中选择亲鱼，为防止近亲繁殖造成后代品质退化，可从一个成鱼群体中选择雄鱼，从另外一个没有亲缘关系的群体中选择雌鱼；从自然水域中捕捉的野生胡子鲶中选取符合亲鱼标准的作为亲鱼即可。

胡子鲶在幼鱼时雌雄比较难以分辨，当达到性成熟后，雄鱼外生殖器突出呈锥形，后缘游离度大，末端尖细，常呈淡黄色，生殖期呈浅红色，泄殖孔位于最末端；雌鱼外生殖器呈圆形，稍微突出，后缘游离度小，常充血呈浅红色，泄殖孔呈椭圆形状，位于生殖突的偏后端。雌雄胡子鲶在体形上差别不大（图 6－2）。

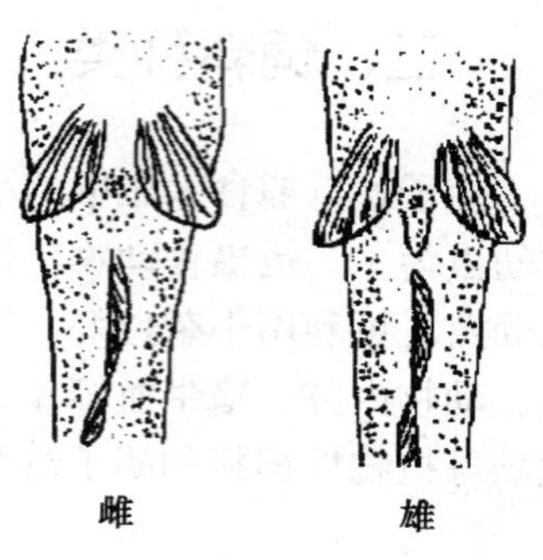

图 6－2　胡子鲶雌雄区别

在秋季选好亲鱼，转入亲鱼培育，加强饲养管理，以保证次年人工繁殖成功。

（二）亲鱼培育

1. 亲鱼池的条件

亲鱼池应选择水源充足、水质好、排灌方便、靠近繁殖场的地方建池，用土池、水泥池均可。池子面积以 20～200 平方米为宜；池子水深为 1.2～1.5 米，水面以上的池基高不小于 0.5 米，或在池子四周围网片、塑料薄膜，防止亲鱼逃走；池基坚固，无漏洞，不漏水；在池子的底部堆放一些竹筒、瓦管等供胡子鲶栖息。亲鱼放养后在西南边一侧的水面上种植占池子面积约 30% 的水葫芦调节水质、降低水温和供亲鱼隐居。所种植的水葫芦等要用竹杆围拦，防止全池漂浮。

2. 亲鱼的放养

土池在亲鱼放养前，每平方米水面平均水深 1 米用 200 克生石灰对水全池泼洒消毒，7 天后可以放鱼入池；新建的水泥池在使用前要先浸水除去水泥的碱性，到亲鱼下池前，养殖池水 pH 值以 7～8.5 为宜。

每平方米水面投放亲鱼 5～6 千克。同池养殖的雌雄亲鱼在条件合适时会出现自产现象，因此，最好把雌雄亲鱼分池培育，否则应在繁殖前的半个月，将雌雄亲鱼分塘养殖。雌雄比例约为 1：1。

3. 亲鱼饲养管理

（1）投饵。投喂亲鱼的饲料以富含蛋白质的鲜活饵料为主，如蚯蚓、小杂鱼、小虾、螺蚌蚬肉、动物内脏、黄粉虫、蝇蛆、蚕蛹等，也可投喂一些胡子鲶全价饲料。每天投喂量，秋季为鱼体重的 8% 左右，冬季（水温高于 12℃）为 4%～5%，春季为 5%～6%。每天 8：00～9：00 和 16：00～17：00 各喂一次，一般上午投喂量占当天饲料总量的 40%，下午投喂 60%。为了保证性腺的正常发育，要兼喂一些浮萍、切碎的春菜、空心菜等，以补充维生素等营养成分的不足。

（2）注水。注水可以改善水质，促进性腺加快发育。秋季一般每隔半个月注水一次，春季每隔 10 天注水 1 次，在催产前的 20 天，每天注水一次，每次注水 30 分钟。冬季水温低时不宜注水。池水透明度以能见度在 25～35 厘米为好。

（3）保温。在亲鱼池上方覆盖白色塑料薄膜保温，使水温保持在 18℃以上，可加速亲鱼性腺发育，提早繁殖。一般在冬季水温降到 18℃左右时即可进行搭架盖膜。在越冬期间如果遇到日照强烈的高温天气，要揭开部分薄膜通风降温。

（4）加强产后亲鱼的护理。将产卵后的胡子鲶放入水质清洁的池中培育，加强饲养管理，投喂富含蛋白质的饲料，调节好水质，经过 25～30 天卵子又重新发育成熟。

（三）成熟亲鱼的选择

成熟雌鱼腹部宽广膨大，将其仰卧，腹中线下凹，两侧卵巢轮廓明显，上下腹大小较为均匀，尤其是生殖孔附近的腹部饱满、柔软、富有弹性；生殖孔松弛，周围红肿，轻压腹部有少量卵粒流出。也可将采卵器（或用竹子或羽毛管自制）（图6－3）稍偏左或偏右轻轻插入生殖孔2厘米深左右，抽出少量卵粒，成熟度好的卵粒饱满、分散、呈淡绿色或金黄色，光泽度好；如果卵子大小不一、粘连、色浅，说明卵子未成熟，不能催产；如果卵粒松弛、扁塌、无光泽、呈黄色并有部分发白，说明卵子发育过熟或卵巢已退化，不适宜催产。

图6－3　采卵器

成熟的雄鱼腹部无膨大现象，但生殖孔突出部分较细长，呈圆锥状，末端明显游离，一般挤不出精液。与雌鱼同批培育的雄鱼，一般雌鱼卵巢成熟，雄鱼的精巢也成熟。

（四）人工催产

胡子鲶性腺发育成熟后，要及时进行催产。

1. 雌雄比例

人工配对自然产卵雌雄比例为1：1；群体自然产卵受精雌雄比例为1：（1～1.5）；在人工授精时，雌雄鱼大小基本一致的，雌雄比例（3～5）：1。

2. 催产剂的种类及注射剂量

（1）催产剂的种类。鲤鱼脑下垂体（PG）、鱼用绒毛膜促性腺激素（HCG）、促黄体生成素释放激素类似物（LRH－A）。

（2）催产剂的剂量。在繁殖初期，亲鱼的性腺发育成熟程度较差，使用剂量应适当高些；个体小的亲鱼，对催产剂的敏感性较差，使用剂量亦应高些。雌鱼注射剂量一般为：①鲤脑垂体4～6毫克（干重）/千克鱼（相当于0.5千克重鲤鱼的垂体4～6个或1～1.5千克重的鲤鱼的垂体2～3个）；②绒毛膜促性腺激素 3 000 ~4 000国际单位/千克鱼；③绒毛膜促性腺激素 3 000 国际单位/千克鱼 + 促黄体生成素释放激素类似物 40 微克/千克鱼；④鲤脑垂体 3 毫克/千克鱼 + 绒毛膜促性腺激素 1 500 ~ 2 000国际单位/千克鱼。雄性胡子鲶的注射剂量一般为雌鱼注射剂量的 1/3 ~2/3。

3. 注射液的配制

（1）鲤鱼脑垂体注射液的配制。先根据催产亲鱼的体重计算出所需要的脑垂体量，将其置于干净干燥的研钵之中，研磨成细粉状，再根据鱼的尾数，按每尾鱼注射 1 毫升的量用 0. 6% 的生理盐水制成悬浊液待用。注意垂体一定要完全研碎，防止堵塞针头。

（2）绒毛膜促性腺激素、促黄体生成素释放激素类似物注射液的配制。根据鱼的重量算出激素用量后，再按一尾鱼 1 毫升注射液的量，将激素溶解于生理盐水中待用。如混合配制，先分别溶解后再混合即可。

4. 催产剂的注射方法

（1）注射部位。背鳍基部两侧肌肉，进针角度为 45°，进针深度 0. 5 ~1 厘米；也可在胸鳍基部内侧注射，进针深度为 0. 5 厘米左右，以不伤及内脏为度。

（2）注射液量。平均每尾鱼注射 1 毫升液体，根据鱼的大小做好调整。

（3）注射次数。水温低于 25℃ 或鱼的成熟度不好时，分两次注射；水温超过 25℃ 或亲鱼成熟好时一次注射即可。两次注射的效果要比一次注射好。雄鱼一次性注射，与雌鱼第二次注射同时进行。

在采用 2 次注射时，第一针打注射总剂量的 1/10 ~1/6，间隔 10 小时左右注射第二针，将余量全部注入。

（4）操作方法。左手用毛巾包裹鱼头部，食指、中指卡住胸鳍基部，右手拿注射器与鱼体成45°在背鳍基部两侧肌肉发达处插针进行注射，针头插入肌肉1厘米深左右，将药物慢慢注入。注射完后，轻轻拔出针头，并用手指轻压针孔处，以防药液溢出。如采用腹腔注射法，则用毛巾包裹住鱼体，使鱼腹部朝上，露出胸鳍基部内侧凹入部位，针头朝鱼的头部与鱼体成45°插入，迅速注入药液。此法药液直接进入腹腔，不渗漏，但一定要注意不要伤及心脏（图6－4）。

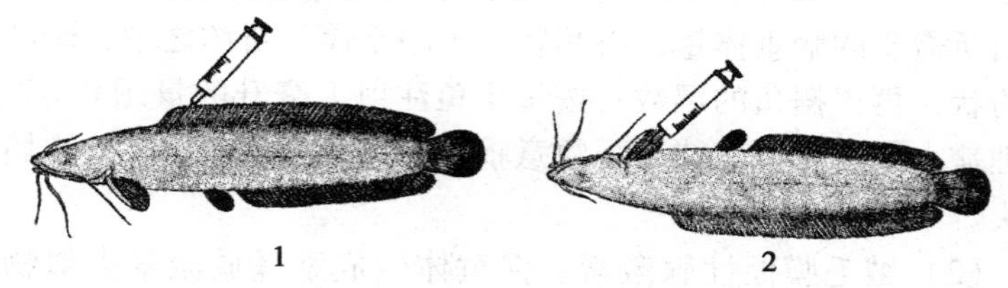

图6－4　胡子鲶注射催产剂示意图

1. 背肌注射示意图　2. 胸鳍基部内侧注射示意图

5. 效应时间

所谓效应时间，是指亲鱼最后一次注射催产剂后到开始发情产卵排精所需要的时间。使用鲤鱼脑垂体，水温22℃时效应时间为13～15小时，25℃时为10～11小时，30℃时为8～9小时；使用绒毛膜促性腺激素，水温20℃时效应时间为23～25小时，23℃时为16～18小时，26℃时为13～14小时，28℃时为12小时左右，30℃时为9～10小时。

（五）亲鱼产卵和人工授精

经过人工注射催产剂的胡子鲶，可用自然产卵受精和人工采卵受精两种方式进行繁殖。

1. 自然产卵受精

（1）配对产卵。用塑料桶、脸盆、瓦缸等器具充当产卵池，也可以用砖块叠成临时性小池并铺上塑料薄膜，或在地面上开挖出直径为50厘米、深60厘米的圆形小土坑，在土坑上铺上塑料薄膜，就成为产卵池。往产卵池中注入清洁富氧无敌害生物的水40厘米深，最好是江河湖泊水库水。用水葫芦（洗净并除去腐根）或棕榈皮（经浸水处理）做鱼巢，事先按每立方米水体用20克高锰酸钾对水浸洗半小时消毒，再用清水洗净。

亲鱼经注射催产剂后，每个池子放入体型大小相当的一对雌雄鱼，让亲鱼自然产卵、受精。亲鱼产卵结束后取出鱼巢，转入孵化池中孵化。亲鱼入池后马上用网片覆盖产卵池，防止亲鱼跳出。

（2）群体产卵。产卵池一般用水泥池或塑料薄膜池，面积10～20平方米，池深70～80厘米，水深40～50厘米。池中设置浮性鱼巢（水葫芦）和沉性鱼巢（棕榈皮）收集受精卵。池子四周用网片拦护，防止亲鱼跳出。胡子鲶亲鱼注射催产剂后，按每平方米水面3～5组亲鱼的密度放入产卵池中，雌雄比为1：（1～1.5）。亲鱼入池后，往池中注入微流水刺激亲鱼，产卵前加大流量，边注边排。

经过一定的时间后出现雌雄亲鱼发情，上浮水面，沿池壁游动，一尾或数尾雄鱼紧追雌鱼，并不时用头部顶撞雌鱼腹部，发情达到高潮时，雌雄亲鱼分别产卵排精，卵子和精子在水中结合成受精卵。

2. 人工授精

（1）准备好工具。在进行人工授精操作工作之前，准备好注射器、针头、解剖剪、镊子、温度计、研钵、量杯、生理盐水、干毛巾、羽毛、瓷碗、脸盆、0.6%生理盐水、60目窗框式筛绢片等。

（2）亲鱼配组与催产。雌雄比例一般为（3～5）：1。将成熟亲鱼注射催产剂后雌雄鱼分开放入不同池中暂养，注入微流水刺激，保持环境安静。根据水温和使用催产剂的种类掌握亲鱼的效应时间。

（3）挤卵、采精、人工授精。当到达效应时间时要及时挤卵、采精。

①挤卵：挤卵时，捞起雌鱼，左手抓住雌鱼的头部，用干毛巾擦去鱼体表的水分和黏液，用右手拇指与食指自上而下沿鱼腹两侧挤压，使成熟卵粒从泄殖孔流到干净的盆或碗中。

②采精：在挤卵的同时，宰杀雄鱼取出精巢（位于腹腔背侧，一对，扁平条状，边缘有锯齿状，成熟好的呈乳白色），用吸水纸吸干血污，置研钵中，快速剪碎后加入10毫升生理盐水即得精巢液。

③人工授精：迅速将精巢液倒入盛卵的容器中，用羽毛将精卵搅拌30～60秒，使精子和卵子充分结合受精，然后加入卵体积3～4倍的清洁富氧水，用羽毛充分搅拌均匀后将受精卵散布于尼龙筛绢网片上（筛绢网片用8～10号铁丝作框，规格一般为80厘米×40厘米，用60目尼龙筛绢缝在框上即成）（图6－5）。

图6－5　尼龙筛绢网片

3. 卵子质量鉴定

质量好的卵子卵粒呈浅绿色或金黄色，分散，卵球大小一致，受精卵约经半小时即吸水膨胀呈球状，卵粒光亮滚圆，卵径大小均匀，卵黄集中，卵膜厚而坚韧，弹性好，不易破裂，推之能滚动，卵裂整齐，分裂球大小均匀、清晰。

如果卵粒个体较小，大小不一致，粘连，卵光亮度差，卵膜薄而柔软，松弛，韧性和弹性差，易破裂，放在碟子上呈扁塌状，或者卵子呈黄色且混浊，部分呈灰白色，无光泽或光泽较差，卵粒均匀但弹性差，吸水速度较慢，卵膜坚韧度不一致都是不好的卵子。

4. 卵的收集、处理

当亲鱼产卵结束后，及时把鱼巢或筛绢片转移至孵化池中孵化。

受精卵在移入孵化池先放入浓度为每千克水含10毫克高锰酸钾溶液中浸泡10分钟或用4%的食盐水浸泡5分钟进行防水霉病处理。

（六）人工孵化技术

1. 孵化池孵化

孵化池可用产卵池改造而成，也可用砖砌成3米×1米×0.4米规格的池子，内壁和池底用水泥抹面，池子的进、出水口分别设置在池子相对应的两端，出水口两个：池底最低处设置一个，用于清污和出苗；距池底30厘米处设置一个溢水口，用40目筛网封住溢水口。临时使用的可在平整的地面上用砖块垒起池子，在池内铺上一层塑料薄膜，设置好进、出水口即成（图6－6）。

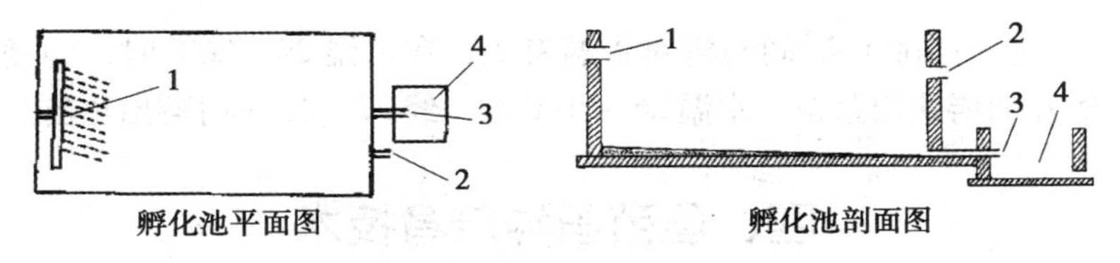

图6－6　孵化池结构图

1. 进水口　2. 溢水口　3. 出水口　4. 集苗池

采用自然产卵受精的，将鱼巢直接放入池中孵化即可；用人工授精方式，可将粘满受精卵的筛绢片斜放入池水中，筛绢片的方向与水流方向相同，片与片之间相互错开。水深为 30 厘米左右，采用微流水孵化时，每平方米放 4 万～5 万粒卵；静水孵化，每平方米放 2 万～3 万粒。孵化过程中要经常换水，防止水质恶化，保证充足的溶氧。当鱼苗全部出膜后，及时取出筛绢片。鱼苗留在池中培育。

2. 孵化盆孵化

用塑料盆或木盆改制成孵化盆，在距盆底以上 20～30 厘米处开一个直径为 2 厘米的溢水口溢水，进水则用胶管导入，直通盆底。孵对水深维持在 20～30 厘米，采用微流水（流量为每小时 0.01～0.02 立方米）孵化。放卵密度按每立方米水 15 万～20 万粒折算（图 6－7）。

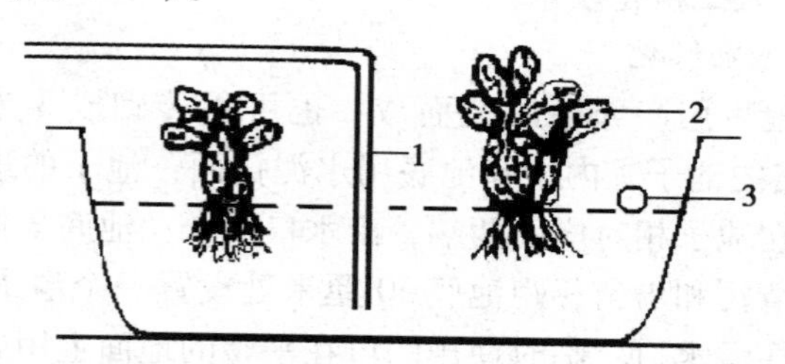

图 6－7　孵化盆孵化

1. 进水管　2. 水葫芦　3. 溢水孔

鱼苗出膜的时间与孵对水温有关，在水温 24～26℃时，约经 35 小时孵化出鱼苗；水温 26～30℃时，经 27～28 小时孵出鱼苗。

四、鱼苗鱼种培育技术

（一）鱼苗培育

把孵出 3 天左右的仔鱼下池培育成 2.5～3 厘米的幼鱼，大约需要15～20天。

1. 小池子培育

（1）培育池的类型。鱼苗培育池可以是土池、水泥池，还可用塑料薄膜池培育。

①水泥池：水泥池为长方形，面积一般为10～20平方米，池深0.4米，养殖水深为0.2～0.3米，池底与池子四周内壁用水泥抹面。设进水口、排水口和水位控制口（图6－8）。如是室外养殖，池子上要盖上遮阳网，防止太阳直射。

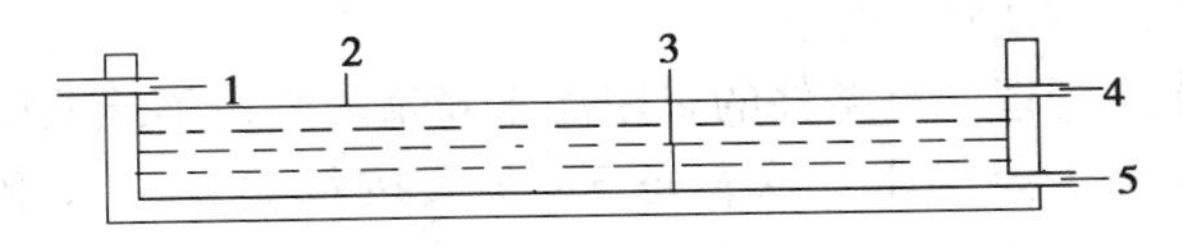

图6－8 水泥池

1. 进水口 2. 水面 3. 池底 4. 溢水口 5. 出水口

②土池：面积5～20平方米，池底平坦，淤泥少，无洞穴，池子四周高出地面20厘米，防止雨水进入池中。池子上方盖上遮阳网。

③塑料薄膜池：在平地用砖围成一个池，或用木板在地面钉长5米、宽1米、高0.3米的木框，先在池底铺一层牛皮纸，然后在池或木框内铺一层厚的塑料薄膜，设置好进排水口即成。

（2）放苗密度。水深20～30厘米的培育池，一般每平方米放养5 000～10 000尾。水源充足，水质好，有流水养殖条件的可多放，反之少放。

（3）日常管理。主要是投饵、病害防治等。

①投饵：鱼苗下池后开始投喂饵料，以投喂活的动物性饵料为主，如轮虫、丰年虫无节幼体等，也可投喂熟蛋黄水。3～4天后，可以投喂枝角类、桡足类等大型浮游动物以及水蚯蚓、鱼肉浆、猪肝粉等，每天喂3～4次，每万尾鱼苗每次投喂活饵30

克左右。7 天后可投喂切碎的陆生蚯蚓、螺蚌蚬肉、蚕蛹、动物肝脏等动物性饵料。在动物性饲料不足时可投喂部分鳗鱼料。

投喂时间要相对固定，一般每天喂 3 次的，分别是 7：00 ~ 8：00、12：00 和 17：00 ~ 18：00 各投喂一次，可以在晚上 20：00加喂一次。活饵和蛋黄水要全池泼洒；投喂非活饵，开始时要全池投放，然后再慢慢减少投饵点，6 ~ 7 天后稳定在每个池子 3 ~ 5 个投喂点。投喂后以鱼苗在 1 小时左右吃完为宜。

②清除污物：每天用吸管把池底的鱼粪、残饵、死鱼清除掉，防止腐败使水质恶化。

③水质管理：有条件的采用流水养殖最好，不能采用流水养殖时每天至少要换水一次；每 3 ~ 5 天按每立方米水用石灰粉 10 ~ 15 克对水泼入池中一次。

④增氧：采用充气泵充气增氧和长流水增氧，保证池水溶氧充足。

⑤病害防治：鱼苗阶段常发生车轮虫和指环虫病，按每立方米水体用硫酸铜 0.5 克、硫酸亚铁 0.2 克、晶体敌百虫 0.5 ~ 1 克混合对水泼洒，半小时后排去旧水，可以防止车轮虫病、指环虫病的发生。每立方米水用二溴海因 0.2 ~ 0.3 克对水全池均匀泼洒，可预防传染病发生。

培育池要防止鸭子、蛙、鼠、蛇等入池捕食鱼苗。换水或转池时，要求水温变化不超过 3℃。

2. 网箱培育

网箱培育鱼苗具有放苗密度大，不占用土地、易管理、鱼苗生长快、病害少等优点。

（1）网箱的选制及设置。用尼龙网片制作做成面积为 3 ~ 10 平方米、箱深 0.5 米的五面体长方形网箱。鱼苗培育早期，用 32 ~ 46 目的网片制作网箱，随着鱼的长大，为方便水体交换，要逐渐更换大网目的网箱。网箱最好放置在清塘施肥后浮游动物开始大量繁殖的池塘上风处或背风处，可直接利用池中的浮游动物作为鱼苗的饵料。鱼苗刚下箱时网箱水深宜在20厘米左右，到出箱前水深达到40厘米。

（2）放养密度。每平方米1.5万~2万尾，根据水质及水的交换量适当调整。

（3）日常管理。投喂饲料充足的饲料；经常清洗网箱，保持网箱内外水流交换畅通，保证氧气充足，防止鱼苗缺氧；每天检查网衣有无脱线、破损现象，如有马上补好，同时注意不要让箱底粘着底泥；台风大雨天气要做好网箱防护工作。

（二）鱼种培育

把规格为2.5~3厘米幼鱼下池培育20~30天，养成5~10厘米的大规格鱼种，适应成鱼养殖的需要。

1. 小水体培育

小水体培育可用水泥池、塑料薄膜池或小土池进行。水池面积一般为10~20平方米，水深0.5~0.6米，池底放置竹筒瓦管、石块做洞穴，供鱼种栖息，池内种植水葫芦遮阳或在池上方设置遮阳网；水源充足。

放养密度为每平方米放500尾左右，若计划培育成更大规格的鱼种，密度可低些。要注意同一池子一定要放养同一种规格的鱼种，避免出现大吃小的现象。养殖过程中每隔10天左右要把长得特别快的鱼种筛出放入另外池子养殖。

日常管理工作与鱼苗培育基本相同，只在饵料种类、投喂量参照鱼种池塘培育法。

2. 池塘培育法

用池塘培育胡子鲶鱼种，成本低，产量大；但成活率稍低，管理不如小水池方便。

（1）池塘选择。池塘面积在1亩以内，最好是200~300平方米，水深0.8~1米，池底平坦硬实，淤泥厚3~5厘米，池塘四周无洞穴，水源充足，水质好，排灌方便。

（2）池塘消毒。鱼种放养前7～10天用生石灰消毒池塘，每立方米水200克，杀死水中的野杂鱼类、虾、蟹、蝌蚪、蚂蟥、水生昆虫、寄生虫及病原微生物等。清塘7～8天后毒性消失可以放鱼。

（3）施基肥培肥水质。在鱼种放养前5～7天，把池水排至50～60厘米深，然后每平方米水面施发酵腐熟粪肥0.3～0.4千克培育浮游动物作为刚下塘鱼种的天然饵料。

（4）鱼种放养密度。施肥后5～7天后肉眼可见到大量的浮游动物时即可放鱼种。一般每平方米水面放养100～200尾。如果池塘水源充足，水质好，饲料肥料量足质优，可适当多放，反之要降低放养量。

鱼种必须规格一致，一次放足，下塘前按每立方米水体用20克高锰酸钾对水浸泡15～30分钟进行体表消毒，并注意消除温差。

（5）饲养管理。主要是施肥、投饵和水质调节。

①追肥：胡子鲶种的天然饵料主要是浮游动物，追肥应以粪肥为主，尤其是牛粪和鸡粪。一般每天施一次，每平方米水面泼洒腐熟粪肥40～80克，对水全池泼洒均匀，透明度在25～35厘米。

②投饵：鱼种下塘3～5天后要投喂饲料。主要投喂杂鱼虾碎肉、摇蚊幼虫、水陆蚯蚓、黄粉虫、动物内脏、螺蚌蚬肉以及塘角鱼专用饲料。每天投喂3次，分别是9：00，16：00和20：00投喂。每天投喂量占鱼种总体重的10%～15%为宜，一般以投喂后1小时左右吃完为度。每2万尾鱼种设饵料台一个，沿池边布放，饲料直接投到饵料台上。不投喂腐败变质的饲料。

③水质调节：每3～5天注入新水1次，每次注水量为10厘米左右；每7～10天每立方米水用生石灰15～20克对水全池泼

洒一次，起调节池水 pH 值、防病、防缺钙等作用。

④做好鱼病防治工作：每 10 天用硫酸铜、硫酸亚铁和晶体敌百虫的混合药液泼洒鱼池一次，用药量按每立方米池水用硫酸铜 0.5 克、硫酸亚铁 0.2 克、晶体敌百虫 0.5～1 克混合对水全池均匀泼洒鱼池。

五、成鱼养殖

鱼种规格达到体长 5 厘米以上即可转入成鱼养殖阶段。胡子鲶成鱼适应能力强，可利用池塘、网箱养殖外，还可利用房前房后、庭院等闲置土地、楼顶建池养殖，也可利用稻田养殖，既可单养也可混养。

（一）小水体养殖

小水体养殖投资少，易管理，饵料易解决，产量高，效益好，适宜在田头地角、房前房后、庭院建池养殖。土池、水泥池均可。

1. 池子建造

（1）水泥池的构造及设施。水泥池用砖砌成，四壁要高出水面 50 厘米或建成“ ┏”形出檐，防止胡子鲶逃走。池底及四周池壁用水泥灰浆抹面，如果池底泥土不够坚实，宜采用混凝土结构。池底上铺一层 20 厘米厚的壤土层，其上放置一些竹筒瓦管供鱼栖息。进水口、排水口分设在池子相对应的两边，安装防逃设备。池子的面积一般为 10～80 平方米，池深 1.2～1.5 米比较适宜。鱼种下池前在水面种植占池子面积约 1/3 的水葫芦给鱼遮阳降温（图 6－9）。

（2）土池的构造及设施。池子面积为 10～100 平方米，池深 1.5 米，池壁呈 60°斜坡以防塌方。在池子相对应的两边分设进排水口，并在进排水口安装拦鱼栅栏。在排水口附近，挖一面

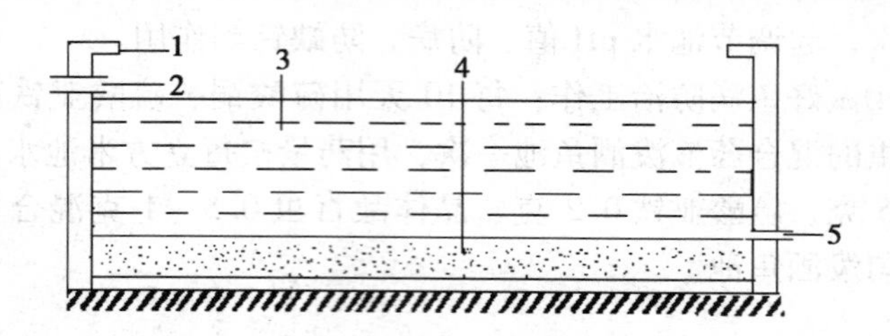

图 6－9 水泥养殖池

1. "┏"形出檐 2. 进水口 3. 水层 4. 池底壤土层 5. 出水口

积数平方米、深 20 厘米的集鱼坑，便于干水捕捞。池底放置一些竹筒瓦管供鱼栖息。在池子四周设置胶丝网片，上端高出池子最高水位 50 厘米，下端直达池底。在水面种植少量的水葫芦给鱼遮光降温。

2. 主要养殖技术措施

（1）放养前的准备。鱼种下池前注水 50～60 厘米。如是土池养殖，在鱼种进池前 7～10 天用生石灰消毒，并按每平方米池子放入发酵腐熟粪肥 0.4～0.5 千克培肥水质。

（2）鱼种放养。当春季水温稳定在 12℃以上时即可放养鱼种。静水单养池每平方米放养 40～50 尾；微流水单养池每平方米放养 50～80 尾。要求鱼种规格大小一致、体质健壮、无病无伤、体长 8～10 厘米。鱼种入池前用 3%～4%食盐溶液浸洗鱼种 5 分钟进行体表消毒。

（3）投喂。鱼种入池的当天就要投喂。在鱼种入池后的前半个月，主要以杂鱼虾碎肉、摇蚊幼虫、水蚯蚓、蝇蛆、蚯蚓、黄粉虫、动物内脏、螺蚌蚬肉等动物性饲料为主，配喂一些鳗鱼团块料。半个月后添加胡子鲶配合饲料，并逐日减少动物性饲料的量，增加配合饲料的量，经 7 天左右过渡到全部喂配合饵料。每天投喂 2 次，日投喂量为 3%～5%，以投喂后半小时内吃完为合适。做到"四定"投饵。

（4）水质管理。注水与水质调节：静水养殖每2~3天注水1次，换掉池水的一半左右；微流水养殖日夜保持池内微流水，流量控制在每24小时全池换水1次。池水的透明度始终保持在25厘米以上。每半个月每立方米水体用20克生石灰对水全池泼洒，池水pH值保持在7~8.5。

搭降温棚：夏秋季高温季节，除在水面种植水葫芦外，在池子西南面搭遮阳棚或搭架种植藤蔓植物遮阳，避免强光照射，降低池水温度。

（5）鱼病预防。每半个月用二氧化氯或强氯精对水全池泼洒一次。同时，每千克鱼用10~15毫克氟哌酸拌饲料投喂，每天一次，连续5~7天。

（二）池塘养殖

池塘养殖胡子鲶的优点主要是水量大，水温水质较稳定，池塘自净能力强，水质不易出现严重污染，鱼产品质量较好。分为单养与混养两种方式。

1. 单养

池塘单养是指在同一池塘中只放养同一种规格的鱼种，通过强化投喂，科学管理，鱼群生长基本一致，最后得到规格基本一致的鱼产品。单养是池塘养殖胡子鲶的主要方式。

（1）放养前的准备

①池塘选择与消毒：要求交通便利，光照充足，池塘面积100~2 000平方米，池底要平整，淤泥厚3~5厘米，水深1.2~1.5米，水源充足，水质清洁富氧，pH值为7~8.5，无工农业废水污染。在鱼种下塘前用生石灰消毒池塘。

②池塘设施：在进、排水口上安装拦鱼栅；在池塘四周设置高出最高水位50厘米的胶丝网片，网片下端到达池底；在池底四周放些竹筒、瓦管、罐等，供胡子鲶穴居；在池内1/3水面种植水葫芦、浮萍等漂浮植物，供胡子鲶栖息。

③注水和施基肥：春季放养的，在池塘清整后往池中注水50～60厘米；夏秋季放养要注满池水。

鱼种放养前6～7天，在鱼塘向阳一侧浅水处分小堆堆放猪牛粪或鸡粪作基肥，每平方米0.5千克。到鱼种下塘时，池水呈灰白色或黄褐色、茶褐色，透明度20～30厘米为好。

（2）鱼种放养。要求选择规格整齐、体质健壮、游动活泼、无病无伤、规格6厘米以上的鱼种放养。每平方米放养30～50尾。放养前用3%～4%食盐溶液浸洗鱼种5分钟进行体表消毒。

（3）饲养管理

①投饵：鱼种下塘初期，池中的浮游动物丰富，是鱼种的主要饵料，5～7天以后，浮游动物大量减少，必须正常投喂。以投喂动物性饲料为主，如水蚯蚓、蝇蛆、熟猪血、蚯蚓、黄粉虫、蚕蛹、杂鱼肉、禽畜下脚料、螺蚌蚬肉等，半个月后逐渐驯食，转为投喂颗粒饵料为主。水温高于30℃时，减少投喂量，低于12℃不投喂。

②驯饵：投喂时，一边把小把饲料撒入水中一边造成某种声响，如打击饲料桶，以后每次投喂都造成相同的声音，约经过7～10天胡子鲶就形成条件反射，一听到声音就会自动集中到饵料台摄食，待鱼集中后才开始投喂，把饲料一把一把地撒入水中，当大部分的鱼吃饱离开后即可停喂。每次投喂时间约30分钟。做到“四定”投饵。

③水质管理：经常清除残饵污物；每5～7天注水1次，每次换水量为1/3，防止水质恶化；每半个月至一个月泼洒一次生石灰水，每亩水面用15～20千克，改良水质。pH值保持在7～8.5。如果胡子鲶频繁到水面呼吸，说明池水缺氧，要注入新水增氧。

④做好防病工作：每半个月用强氯精对水全池泼洒一次。

2. 混养

胡子鲶和家鱼混养，是将胡子鲶作为搭配放养品种，依靠利用池中的天然饵料，养成食用鱼。在养殖家鱼成鱼的池塘中混养胡子鲶，一般每亩混养800～1 000尾，放入的胡子鲶鱼种规格为体长6厘米以上。这种在池塘中混养胡子鲶的方式，在不投喂人工饵料情况下，每亩可产胡子鲶50～80千克。

混养池塘要求堤基坚固，无渗漏，无石缝，无杂草丛生，淤泥少，能有效地防止胡子鲶的逃逸，方便捕捉。

（三）流水养殖

胡子鲶在高密度静水养殖条件下，因水质污染重，病害多，生长慢，饲料系数大，鱼产品的质量不高。通过给养殖池注入长流水，带走残饵污物，带入溶氧，消除了水质污染源；较好地解决溶氧不足对鱼产量的限制。

1. 流水养鱼的基本条件

水源丰富，水质良好，能自流排灌，水温适宜，水质清新，无毒无污染，溶氧量高，饲料、鱼种供应有保证，交通便利。

2. 流水池的结构与设施

流水池多用砖石砌成，水泥抹面。池子呈长方形或椭圆形，面积50～300平方米，水深1.5～2米，池底由进水口向排水口方向适当倾斜，坡度为3°～5°。进、排水口分设在池子纵向两端，进水口以广口式为好。进水口上设拦鱼栅和控制进水量的闸板。排水口与池底最低处相平，前面设插入式拦鱼栅。拦鱼栅后设挡水墙，墙的底部留有10～20厘米的空缺排出底层水和吸污。挡水墙后是溢流式排水口，可设置成多个。在溢流式排水口的下方池底最低处，设若干个排污口，控制阀门设在池外（图6－10）。

3. 鱼种放养

选择体质健壮、规格一致、体长8厘米以上的大规格鱼种放

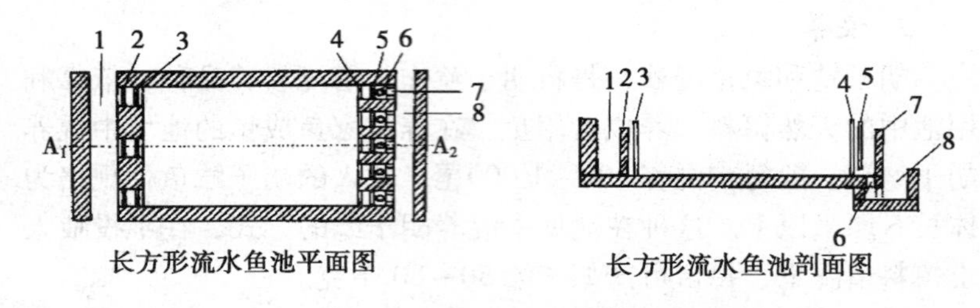

图 6－10　长方形流水鱼池结构图

1. 进水沟　2. 鱼池进水口　3. 进水口拦鱼栅　4. 出水口拦鱼栅　5. 挡水墙　6. 排污及干池排水孔　7. 溢水口　8. 排水沟

养，每平方米放养 100～150 尾。

4. 饲养管理

（1）投饵。饲料的种类与池塘养殖相同，鱼体重 50 克以下时以投喂动物性饲料为主，以后主要投喂胡子鲶配合饲料。坚持“四定”投饵。水温在 20～31℃时，日投喂量占鱼体重的 4%～6%；水温低于 20℃或高于 31℃时，日投喂量占池鱼总体重的 2%～3%，分 4～6 次投喂，晚上适当多喂。

（2）控制进水量。刚入池的鱼种规格偏小，相对密度小，水质污染轻，进水量可小些；随着鱼体的长大，相对密度增大，排污多，耗氧多，水污染加重，进水量要相应加大。从鱼种入池到成鱼出池，流速控制在 0.1～0.2 米/秒。

（3）日常管理。每天检查和清理防逃网、拦鱼栅，及时清除池内杂草、树叶；早晚观察鱼的吃食、活动情况和水源是否断流；每天排污 1～2 次，每半个月用强氯精对水全池泼洒一次，每立方米水体用药 0.5 克，或每立方米水用生石灰 30 克对水泼洒。施药时暂停进、排水，5 个小时后恢复进排水。同时，每千克鱼用氟苯尼考 10 毫克拌饲料投喂，连喂 4～6 天。

六、胡子鲶的越冬管理

胡子鲶耐低温能力不强，水温降至5～6℃时开始死亡。因此，一般在没有胡子鲶自然分布的地方养殖的，均需采取保温措施才能安全越冬。

（一）越冬池的条件

胡子鲶的越冬方法主要有塑料大棚保温法、温泉水越冬法、工厂余热水越冬法、虾苗池加温法等。无论是采用那种方法，越冬池必须具备如下条件。

（1）池子要背风向阳，有稳定的热源，水温最好保持在16℃以上，最低不能低于12℃。

（2）水质清新无毒，溶氧量高。

（3）排、注水方便，有增氧设备。

（二）越冬方法

1. 塑料大棚保温越冬

在池子上方架设塑料大棚进行胡子鲶越冬，是一种成本相对较低，适合在各地使用方式。

（1）池子条件与建造。选择向阳、背风、排灌方便、水源充足的地方建越冬池。一般为东西长、南北宽，面积达到2 000平方米，土池或水泥池均可，水深1～1.5米。池子可挖入地下，也可直接建在地面上，一般面积小的用砖在地面砌成，面积大的与普通鱼池一样在地面开挖，或用普通鱼池改造即可。基本要求与养殖池相同，不同之处是池子四周应高于地面15厘米左右，防止越冬期间冷雨水流入池中降低水温。

（2）塑料大棚的架设。小面积的池子多用竹子搭简易棚架，越冬池面积较大时用钢管、角钢、钢丝为材料，架设成人字形或弧形棚架，然后在棚架上覆盖塑料薄膜固定，在塑料薄膜与地面连接处用泥土压实，建成全封闭式大棚。

（3）日常管理。塑料大棚的热能主要来自太阳能，白天光照使棚内的气温上升，保持一个较高的水温。越冬期间如果遇上强光照的高温天气，要把大棚靠近地面处的塑料薄膜揭开几个口通风降温；如果遇到严重的寒流，可用煤炉或电热器设备加热升温。

2. 温泉水越冬

有天然的温泉水的地方，可作为胡子鲶的越冬水源。池子面积根据温泉出水量和生产需要而定，几十平方米到几百平方米。池子建设与常规养殖池相同，水泥池或土池均可。一般采用长流水形式，近温泉出水口端设进水口，在池子离温泉远端设出水口，进出水口均须设置防逃网，以防鱼逃逸。这种方式成本低，可因地制宜利用天然资源，越冬效果好。

利用温泉水越冬要注意如下几点。

第一，铁和硫含量过高的温泉水不宜作为越冬用水。

第二，如果温泉水含氧量过低，必须通过渠道和贮水池充分曝气增氧，再注入越冬池内。

第三，如温泉水温度高于30℃，则须进行降温处理，方法是设一些蓄水池进行降温，待温度降低后再让其流入越冬池。

第四，如在低温温泉中越冬，越冬结束后要尽快将越冬鱼转出越冬池。

第五，日常管理主要是控制温泉水的流量和池水水温，防止水温过高或过低。

3. 工厂无毒热废水越冬

有些工业企业，如火力发电厂，在正常生产过程中，有充足无毒的温排水，可用于胡子鲶越冬。越冬池多用水泥池，面积可大可小，水深1～1.5米，常建在温排水排放口附近。采用长流水越冬，如果温排水充足，越冬池水温可控制在24～30℃，以利于胡子鲶的生长。

日常管理最主要的是控温，防止水温过高或过低。

（三）越冬管理

1. 越冬鱼进入越冬池的时间

当冬季水温降至16℃时就要将胡子鲶转入越冬池养殖。次年春季水温上升到15～16℃时结束越冬。

2. 放养密度

亲鱼每立方米水体放40～60尾；规格为3厘米左右的鱼种每立方米水体放600～800尾左右，6～8厘米的鱼种每立方米水体放养300～500尾。温流水池可适当增加放养量。

越冬鱼进入越冬池前要先进行鱼体消毒。鱼体消毒可用漂白粉10克、硫酸铜8克溶于1立方米水中，水温20℃时浸洗鱼体15分钟，或用3%～4%的食盐水浸泡5分钟。

3. 越冬期间的日常管理

越冬期间水温要保持在16℃以上，并维持相对稳定，一般温度变化幅度不超过3℃；每隔2～3天排污1次，清除残饵和粪便；每3～4天加注新水1次，保持水质清洁，氧气充足，pH值为7～8.5；池水不宜太肥，透明度不低于35厘米。越冬池中水温维持在胡子鲶正常的生长水温范围，要按正常投喂。

4. 鱼病防治

在越冬期间，每隔15天每立方米水体用硫酸铜0.5克和硫酸亚铁0.2克或30克生石灰对水全池泼洒。每千克鱼用氟苯尼考10毫克拌饲料投喂，连喂4～6天。

七、捕捞、暂养和运输

（一）捕捞

1. 干塘捕捞

此法适用于大规格鱼种和成鱼的捕捞。胡子鲶达到预定的养殖规格后，把池水缓慢排干，使鱼集中到集鱼坑中，用抄网捕捞。也可在排水前，在集鱼坑中铺一张敷网，然后排水，当鱼群集中在集鱼坑中后提起敷网捕鱼。

2. 诱捕

方法一是在投喂地点铺设敷网，按正常投喂 7 天左右后，胡子鲶对敷网已不再害怕，此时可在胡子鲶集中摄食时提起敷网捕鱼，捕捉量大。

方法二是用鱼笼诱捕。鱼笼用竹片编制而成，一般长 50 厘米，直径 30 厘米，笼口朝内倾斜，最后开口直径约 6 厘米。笼的末端呈锥形，有一带盖的开口，用于取鱼和放诱饵。捕鱼时，用纱布包住胡子鲶最喜欢吃的摇蚊幼虫或经过半天暴晒的蚯蚓、动物内脏等放入鱼笼中，于傍晚把鱼笼放入池塘浅水处，笼的 4/5 浸入水中。当晚 20：00 起捕鱼一次，次日清晨起捕一次（图 6－11）。

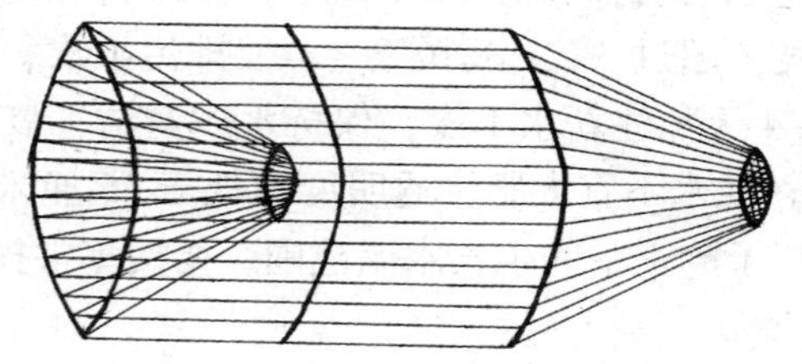

图 6－11　胡子鲶笼

3. 拖网捕捉

池底较为平坦、淤泥较浅的池塘，先把池水排至 80 厘米深，然后用拖网捕捉，最后干水彻底捕捉。

（二）暂养

胡子鲶起捕上来后，要立即转入暂养池中暂养，防止缺氧死亡。暂养池的水质要求清洁富氧，靠近捕捞池，搬运方便。一般用网箱或水泥池作暂养池，网箱比水泥池效果好。放鱼密度以鱼不严重浮头为限。鱼进入暂养池后先清洗干净鱼的体表，然后清洗网箱或把池水换掉，用清水密集暂养。暂养时间长短与鱼将要运输的距离有关，作长途运输要暂养一天以上，短途运输经过1～2小时即可。暂养过程中始终要有专人看守，防止发生意外。

（三）活鱼运输

1. 尼龙袋充氧运输鱼苗鱼种

（1）运输工具。尼龙袋（规格为长80厘米，宽40厘米）、纸箱、氧气瓶、漏斗、橡皮圈等。

（2）操作步骤

①检查：检查尼龙袋是否漏气。

②装水：确认不漏气后往袋中装入占袋容积1/5的运输用水。

③装鱼：把点好数的鱼苗或鱼种经漏斗带水装入袋中，使鱼水量占袋容积的2/5～1/2。装水过多会减少充氧的空间，并增加运输的重量，装水过少则使鱼过于拥挤。

④充氧：先挤出袋内的空气，把氧气瓶的导管插入水中充氧，充氧不能太足，以袋表面饱满而有弹性为度。用橡皮圈扎紧袋口。

⑤装箱：为防止塑料袋在运输途中损坏，把塑料袋装入纸箱中运输。

⑥起运：装好箱后即可起运。运输途中注意检查尼龙袋是否漏气，发现漏气要用透明胶粘贴。

（3）装鱼密度。尼龙袋装运鱼苗、鱼种的密度与运输时间、温度、鱼体大小、鱼的体质、锻炼程度等密切相关。一般情况下，水温高，水中溶氧低，装鱼密度小；水温低，水中溶氧高，装鱼密度大；路途短，装运密度高；路途远，运输密度低。一般运输时间在20～30小时的每袋可装体长1厘米的鱼苗8 000～12 000尾，2.5厘米幼鱼3 000～4 000尾，4～5厘米鱼种3 000

尾，10 厘米左右鱼种 800～1 000尾。

2. 帆布桶运输

（1）运输工具。帆布桶、木桶、增氧泵、胶管、抄海、提桶等。

（2）操作步骤

①固定容器：把运输容器固定在运输车辆上。

②装水：装入运输用水，占容器体积的 1/3。

③装鱼：使鱼水量占桶容积的 2/3，用网片覆盖桶口，防止鱼跳出。

④增氧：把充氧管末端的砂滤器沉入桶底，开动增氧泵增氧，一直到达目的地。

⑤运输途中管理：运输过程中要经常虹吸出死鱼、黏液、鱼粪，水质恶化时要及时换水，换入的水必须是江河、湖泊、水库水，不能用稻田水，换水量最多只能占原水量的 2/3；运输过程中不让太阳光直射或雨淋，要经常检查胡子鲶的活动情况，发现鱼缺氧严重时，立即换入新水，稍歇息才能继续起运。晚上休息要把鱼转入吊池，不能留鱼在运输容器中过夜。长距离运输中途要停车休息的，把鱼搬入吊池后 1 小时左右投喂一次；次日起运前 1～2 小时再喂一次。

（3）装鱼密度。按每立方米水体装入规格为 3 厘米的鱼种 13 万尾，或规格为 4～6 厘米的鱼种 7 万尾，7～10 厘米的鱼种 4 万尾，成鱼装鱼量按每立方米水 600～800 千克计。

3. 无水湿法运输

此法适宜用于成鱼近距离运输。运输工具有帆布桶、木箱、泡沫塑料箱和竹箩等。用密封式的木箱、泡沫塑料箱运输，要在箱子的四周打几个孔通风透气。运输前在容器底部铺上一层湿水草，再将鱼放在水草上，上面覆盖一层水草。运输途中每隔 3～4 小时淋水 1 次，保持胡子鲶皮肤湿润。夏秋季节运输最好选择早晚或夜间天气凉爽时启运，如要在白天运输，除了要避免阳光直射外，最好用冷水或冰块降温，温度控制在15℃左右最好。

八、常见病害防治技术

（一）肠炎病

（1）病原体。肠型点状气单孢菌。

（2）症状。病鱼体色发黑，腹部膨大有血丝，肛门红肿外突，常呈紫红色，轻压腹部有血脓流出；剖开鱼腹可见肠道发炎，肠壁变薄，肠内无食物，有黄色血脓；肝脏出现红色斑点或瘀血，有的病鱼其他器官也伴随有炎症。严重时病鱼垂直悬浮于水中，很快死亡。

（3）流行。肠炎病主要是胡子鲶吃了腐败变质的饵料或长期投喂单一饵料，或动物性饵料一次投喂过多，不定时投喂或突然改变饵料种类，鱼体的抵抗力下降而造成的。鱼种和成鱼均易受感染，发病快、死亡率高，幼鱼受害更为严重。

（4）防治方法

①严格按照“四定”要求投喂，不投喂腐败变质饲料。

②投喂摇蚊幼虫、水蚯蚓等动物性活饵要先经过消毒。

③治疗要内服药饵消灭鱼体内病原体，外用药物全池泼洒杀死水中病原体。内服：每千克鱼用10～15毫克氟哌酸拌饲料投喂，连续5～7天；每千克鱼用氟苯尼考10毫克拌饲料投喂，连喂4～6天。外用：每立方米水体用0.2～0.3克二溴海因对水全池均匀泼洒；每立方米水用二氧化氯0.5克对水全池泼洒。

（二）黑体病

（1）病原体。由细菌感染而引起，是何种细菌未确定。

（2）症状。病鱼全身体色发黑，消瘦，胸鳍基部、肛门发炎红肿，鳍条腐烂，食量明显减少。剖腹可见腹腔积液。个别病鱼头部出现霉斑。病情严重时病鱼常头朝下尾朝上垂直悬浮于水面，很快死亡。

（3）流行。水质不良，变黑发臭，天气突变时易发生此病。主要危害幼鱼，常引起大批死亡。小水体特别是水泥池养殖易发病。

（4）防治方法

①经常换水，保持水质清洁。

②每10天左右每立方米水用生石灰30克对水全池泼洒一次。

③每立方米水用二氧化氯0.5克或二溴海因0.2～0.3克对水全池泼洒。同时每千克鱼用10～15毫克氟哌酸或10毫克氟苯尼考拌饲料投喂，连续5～7天。

（三）烂鳃病

（1）病原体。柱状屈桡杆菌。

（2）症状。病鱼体色发黑，离群缓慢独游。揭开鳃盖，可见鳃盖内表皮充血，鳃丝苍白、浮肿、腐烂；鳃上有污泥。严重时病鱼呼吸困难，浮于水面死亡。

（3）流行。池水有机质含量高，污染严重时容易发病。鱼种、成鱼均可发病，多发生于6～9月。

（4）防治方法

①做好水质管理，防止池水恶化。

②每立方米水体用30克生石灰对水全池泼洒，使pH值达到8.5。

③每立方米水体用0.5～0.6克优氯净或0.2～0.3克二溴海因对水全池泼洒；每千克饲料用三黄粉1～2克拌合投喂。

（四）水霉病

（1）病原体。由水霉属、绵霉属真菌寄生而发病。菌体较大，多呈灰白色棉絮状，肉眼可见。

（2）症状。鱼体受伤后，霉菌的孢子感染鱼体伤口，在伤口萌发，向内长出内菌丝，进入肌肉组织，分泌酵素分解鱼组织，使组织坏死，病灶不断加大；向外长出棉絮状外菌丝，随着病情加重，病鱼负担过重，活动失常，浮于水面慢游，食欲减退，最后瘦弱贫血而死亡。

鱼卵在孵化过程中也常发生此病。受精卵被霉菌感染，严重时呈绒球状，降低了孵化率。

（3）流行。在捕捞、运输、放养等过程中鱼受伤是发生本病的前提，尤其是越冬期间被冻伤最易发病，健康的鱼不发生水霉病，但鱼卵由于其表面有蛋白质等营养物质，容易被感染。水质过肥过浓，有机物质含量高，低温时发病更严重，水温超过30℃此病少见。

（4）防治方法

①捕捞、运输、放养等过程中小心操作，防止鱼受伤。越冬期间防止被冻伤。

②对受伤的鱼，应用5%的高锰酸钾溶液涂抹伤口，注意药液不能进入鱼鳃。

③鱼卵脱黏孵化，可减少水霉病的发生。

④经常加注新水，保持水质清洁；定期用生石灰消毒池水。

⑤每立方米水体用2～3克亚甲基蓝对水全池泼洒，隔2天再泼1次。

⑥每立方米水用五倍子2克煮水全池泼洒。

⑦每立方米水用水霉净0.15～0.3克对水全池泼洒；浸泡鱼卵，每立方米水用50克，浸泡20～30分钟。

（五）打印病

（1）病原体。点状气单孢菌点状亚种。

（2）症状。发病部位主要是在肛门附近两侧或尾鳍基部。患病部位先是出现圆形红斑，随着病情的发展，肌肉发炎腐烂，严重时病灶扩大加深，形成溃疡。病灶轮廓明显，似盖上红色印章，故称打印病。

（3）流行。本病的发生是因为鱼体受伤，病原体侵入而致病。鱼种成鱼均可发病，成鱼比较常见。发病季节主要是夏秋季，水温高适宜病原体的生长繁殖。

（4）防治方法

①捕捞、运输、放养时操作小心，勿伤鱼体。

②治疗方法同烂鳃病。

（六）小瓜虫病

（1）病原体。多子小瓜虫。

（2）症状。小瓜子虫寄生在胡子鲶的皮肤和鳃上，剥取寄主组织作营养，引起寄主组织增生包裹虫体，形成灰白色的点状囊泡。虫体大量寄生时，病鱼体表、鳍条上似覆盖一层白色薄膜。寄生处组织发炎，黏液增多。

刮取少量囊泡置玻片上，滴一滴干净的水覆盖，几分钟后对光观察，可以见到乳白色的虫体滚动。

（3）流行。鱼苗、鱼种、成鱼都有此病发生，以鱼苗鱼种死亡率最高。水质过于清瘦，pH 值偏低的池子易发病。适宜虫体繁殖水温为 15 ~ 25℃，越冬池此病最为常见，常呈现暴发性感染。近年来此病发病率有增高的趋势，对网箱养殖的危害尤其严重。

（4）防治方法

①用生石灰彻底清塘，可杀灭虫体。

②每立方米水用干辣椒 1 克、干姜片 0.5 克煮水全池泼洒，连 2 天。

③每立方米水用 25 ~ 30 毫升福尔马林配制溶液浸泡病鱼 15 ~ 20 分钟，连续 3 天。

④每立方米水用 200 ~ 250 毫升冰醋酸配制溶液浸泡病鱼 15

分钟。

⑤每立方米水用 2 ~5 克亚甲基蓝对水全池泼洒，每天一次，连续泼洒 2 ~3 天。

⑥每立方米水用 0. 04 毫升混特安对水全池泼洒（混养有淡水白鲳鱼池禁用此药）。

（七）车轮虫病

（1）病原体。大小车轮虫十多种。

（2）症状。车轮虫寄生于鱼的体表和鳃，刮取上层细胞作营养，刺激鱼体分泌大量的黏液，造成鳃丝腐烂，影响鱼的呼吸。病鱼消瘦发黑，触须卷曲，不摄食。严重时病鱼头朝上垂直悬浮于水面或沉于池底不动。

刮取少量黏液用显微镜观察，可见到大量的车轮虫。

（3）流行。是最为常见的寄生虫病之一。主要危害 10 厘米以下的幼鱼，能导致大批死亡。施有机肥、高密度静水养殖的池子最易发生此病。

（4）防治方法

①每立方米水用 40 克苦楝树叶煮水全池泼洒，连用 3 ~5 天。

②每立方米水体用硫酸铜 0. 5 克、硫酸亚铁 0. 2 克对水全池泼洒，连用 3 天。

③每立方米水用杀车灵 0. 3 ~0. 5 毫升对水全池泼洒。

（八）指环虫病

（1）病原体。多种指环虫。指环虫身体能伸缩，呈灰白色，如发丝大小，肉眼可见。

（2）症状。指环虫寄生于胡子鲶鳃上，大量寄生时病鱼鳃片黏液增多，全部或部分呈苍白色，鳃部浮肿，鳃丝肿胀，呼吸困难。病鱼体色发黑，消瘦，活动异常，常头朝上，尾朝下垂直悬浮于水面，俗称“吊颈”，不摄食，很快就成批死亡。

（3）流行。指环虫病在胡子鲶苗种培育过程中经常发生，常引起大批死亡。虫体适宜繁殖水温为20～25℃，鱼种越冬期间和春季培育时较为常见。

（4）防治方法

①鱼种放养前每立方米水用20克高锰酸钾对水浸洗鱼种15～30分钟。

②每立方米水用0.5～0.6克晶体敌百虫对水全池泼洒。

③每立方米水用0.15毫升指环杀星对水全池泼洒。

第七章　虎纹蛙

虎纹蛙又称泥蛙、田鸡、田蛙等。属两栖纲、无尾目、蛙科，是冷血的变温动物。主要分布在长江以南各省区。虎纹蛙个体大，雌性比雄性大，体长可超过 12 厘米，体重可达 250～500 克。虎纹蛙肉味鲜美，一直以来是人们喜欢的美味佳肴，也是我国传统的出口产品，在市场上很受欢迎。虎纹蛙是国家二级保护的野生物种，开展虎纹蛙养殖，既能满足消费者需求，又有利于虎纹蛙的保护（图 7－1）。

图 7－1　虎纹蛙

一、生物学特性

（一）形态特征

虎纹蛙背部呈土黄色或黑褐色，皮肤较粗糙，具有不规则的黑色斑纹和纵肤棱，腹面白色，也有不规则的斑纹，咽部和胸部还有灰棕色斑。四肢有形似虎皮的横纹。身体分为头、躯干和四肢3个部分。头宽而扁，前端有宽阔的口；吻稍尖，吻上有外鼻孔1对，具能开闭的瓣。躯干部粗短，肛门在身体后端。四肢发达，适应在陆地上跳跃。前肢短，具四趾，无蹼；后肢长，具五趾，趾间具全蹼。

（二）个体发育特点

虎纹蛙是两栖类动物，在个体发育过程中，要经过水陆两栖和变态发育过程。虎纹蛙性成熟后在水中交配产卵，受精卵经过胚胎发育，孵化出蝌蚪。蝌蚪用鳃呼吸，用尾推动游泳，在水中生活，摄取浮游生物等为饵。蝌蚪经过一定时间的生长发育，在条件适宜时开始变态发育，其内部结构逐渐变化、尾部逐渐萎缩消失，四肢逐渐形成，由蝌蚪发育成幼蛙，此时鳃消失，生出1对囊状的肺，可以从空气中呼吸氧气，但蛙的肺构造简单，由肺所吸取的氧气不能满足蛙的需要，要借助皮肤辅助呼吸氧气，二氧化碳主要靠皮肤排出。幼蛙开始到陆地上生活，同时，也可以长时间潜伏在水中，过水陆两栖生活。幼蛙经过一段时期的生长变成成蛙，性成熟后又可产卵。

（三）生活习性

1. 栖息习性

蛙类是动物由水中生活向陆地生活进化的过渡类群。虎纹蛙属于水栖型蛙类，生活环境中需要有水域和陆地，常生活于海拔900米以下稻田、沟渠、池塘、水库、沼泽地等地方，其栖息地随觅食、繁殖、越冬等不同生活时期而改变。蝌蚪生活在水中，成蛙则要生活在近淡水的潮湿环境中，干燥无水的环境不适宜虎纹蛙生存的。虎纹蛙成蛙白天潜伏在洞穴、草丛等隐蔽处，晚上出来活动摄食，经过人工驯养，可在白天摄食。当冬季气温降到15℃以下时，虎纹蛙便蛰伏穴中进入冬眠，不食不动，呼吸和血液循环活动都降到最低限度。第2年春天气温回升到15℃以上时苏醒过来，结束冬眠。

2. 摄食习性

蝌蚪是杂食性的，以吃植物性食物为主，动物性食物为辅，摄食水中的浮游生物、植物碎块、昆虫、小鱼苗等天然饵料；幼蛙、成蛙以肉食性为主，依赖视觉捕食蝗虫、蝶蛾、蜻蜓幼虫、甲虫等水陆生昆虫，在陆地上使用舌头捕捉猎物，在水中直接用上下颌捕捉猎物。食物种类以昆虫为主，约占食物总量的75%。虎纹蛙在自然条件下只捕食活动的食物，经过驯化也可摄食静止的食物。人工养殖时可投喂小鱼小虾、螺肉、蚌肉、蚬肉、蚯蚓、黄粉虫、蝇蛆、动物内脏等。在食物不足时，虎纹蛙群内会发生互相残杀现象。在人工养殖时，如投饵不足，会发生大蛙吃小蛙、大蝌蚪吃小蝌蚪的现象，尤其是大小蝌蚪和蛙混养。

虎纹蛙从卵子产出到蝌蚪变态发育成蛙一般只需1个月左右时间，变态后的幼蛙，在气温30℃左右，饲料充足的情况下，生长速度比较快，经4~5个月的饲养，便可达到150克左右的商品蛙规格。

（四）繁殖习性

虎纹蛙雌雄异体，性成熟年龄为1~2龄，繁殖期与气候、温度有密切关联，最佳繁殖温度为25~28℃，一般为4~9月。其生殖、发育和变态都在水中进行。雌雄蛙在产卵前先行抱对促进卵细胞进一步成熟，然后才开始产卵。雌蛙产卵的同时，雄蛙排精，在水中进行受精。虎纹蛙产卵时间多在20：00~23：00。通常一只雄蛙可以和多只雌蛙交配。虎纹蛙为多次产卵类型，一年可产卵3~4次，每次产卵几百至数千粒。虎纹蛙卵为多黄卵，动物极黑色，植物极乳白色或淡黄色。产出的卵粒黏连成小片浮于水面，每片有卵十余粒至数十粒。卵多产于池塘、沟渠、稻田、水坑内。

二、饲料种类

在自然条件下，蝌蚪以摄食浮游生物、水蚯蚓、小鱼虾等为主；幼蛙和成蛙以捕食水陆生昆虫为主。人工养殖蝌蚪，可喂米糠、豆粉、麦麸、鱼粉、蚯蚓、蚕蛹粉、鱼肉、动物内脏碎块以及嫩菜碎叶、玉米糊、熟鱼糊等；幼蛙和成蛙可投喂小鱼小虾、螺肉、蚌肉、蚬肉、蚯蚓、黄粉虫、蝇蛆、动物内脏等，规模养殖以投喂专用膨化颗粒饲料为主。

三、人工繁殖

虎纹蛙性成熟之后，当温度维持在25℃左右时，雌雄蛙即会在水中自行抱对、排卵、排精，形成受精卵，并在水中自然孵化出蝌蚪。但由于自然条件下虎纹蛙繁殖时间不集中，蛙卵的受精率、孵化率不高，难以获得批量蝌蚪满足生产需要。因此，可进行人工繁殖，获取大量的蛙卵，集中孵化培育，得到量大质优、规格一致的蝌蚪。

（一）培育池的条件

选择环境安静、水源充足、排灌方便、水质清洁的地方修建亲蛙培育池。池子面积以20～30平方米、池深40～50厘米、养殖水深20～30厘米为宜。在池边或池中央留1/3左右的土质陆地作为蛙的活动场所，地上种一些较矮小的植物遮阳。池底以硬质土壤或水泥结构为好，如为水泥结构，池底要光滑，并铺一层2～3厘米的壤土。在背风向阳一侧池边离水面5～10厘米的地方挖水平深度为50～60厘米、口小内宽的土洞穴若干个，洞穴要求能容纳数只乃至数十只蛙冬眠，穴底保持湿润或稍有积水。池的四周修筑高1米的防逃墙，墙顶向池内伸出12～15厘米宽的出檐，防止蛙攀墙外逃。在池边距水面 3 ~5 厘米处搭建水泥饲料台。

（二）种蛙选择与放养

1. 种蛙选择

选择个体大、体质好、活力强、无伤无病、达到性成熟的个体作为亲蛙。年龄以雌蛙 2 ~4 龄、雄蛙 2 ~3 龄为佳。要求雌蛙个体重在 150 克以上，雄蛙个体重在 75 克以上。

雌、雄区别：性成熟的雄蛙，咽侧下有 1 对外声囊。而雌蛙咽侧下无外声囊，可借此准确无误地区分雌、雄蛙。雄蛙前肢第一指基部有婚垫，在繁殖季节，婚垫肿大而明显。在同一群体中，性成熟的雌蛙个体一般比雄蛙个体大。

2. 种蛙放养

一般每平方米放养亲蛙 10 ~12 对。雌、雄比例，群体小时为 1∶1；群体较大时可为（1 ~2）∶1。如果进行人工授精，则应适当增加雄蛙数量。

种蛙放养前先用生石灰消毒养殖池，以杀灭池中的敌害和病原微生物、寄生虫，待药性消失之后才能放养种蛙。种蛙下池时用 3% 食盐水浸泡 10 分钟。

（三）亲蛙饲养管理

主要是做好投饵和水质调节工作。

1. 投喂

以投喂动物性饲料为主，特别是活饵要占 60% 左右，让亲蛙吃饱吃好，保证营养，促进性腺发育，增加怀卵量。日投喂 2 次，每天的投喂量为蛙体重的 5% ~10% 为宜，以投喂后 30 分钟内吃完为度。

2. 水质管理

亲蛙池水深保持在 20 ~30 厘米，保持水质清洁。生长季节每 2 ~3 天注入新水一次；夏秋高温季节在水面种植水葫芦或在池子上方搭盖遮阳网遮阳，降低池水温度；每天清扫饲料台残饵。

3. 日常管理

每天早晚要坚持巡视种蛙池，及早发现种蛙是否发情、池内有无敌害，如水蛇、老鼠，检查围墙、围栏及进、排水口是否完好，如果发现病蛙和受伤的蛙，也要及时隔离治疗。

（四）自然繁殖

就是让亲蛙在条件适宜时自然配对产卵。当春季水温稳定在25℃以上时虎纹蛙便可开始产卵。一般在20：00左右雄蛙开始鸣叫，以寻找雌蛙，数天后，雌蛙也开始发情，雌雄蛙抱对，雄蛙爬到雌蛙背上，用前肢第1指的发达婚垫夹住雌蛙的腹部，连续抱对1～2天开始产卵，同时，雄蛙排精。一般产卵时间持续20～30分钟。受精卵一个个黏在一起形成小片浮在水面上。产完卵抱对也结束。在亲蛙抱对和产卵时应保持环境安静及水温、水位稳定。

自然繁殖的产卵池可用亲蛙养殖池，水深保持在10厘米左右。池中种植少量的水葫芦等水生植物。每天早上注意观察亲蛙产卵情况，及时将受精卵转移到孵化池孵化。

（五）人工催产

在生产中为了生产管理方便，需要同时或在较短的时间内获得大批量的、规格整齐的蝌蚪，满足养殖需要，可以用人工催情的方法，使虎纹蛙亲蛙能够基本上同步产卵。

人工催产的药物，可用绒毛膜促性腺激素（HCG）和促黄体生成素释放激素类似物（LRH－A）。注射剂量以每只体重150克左右的亲蛙，注射HCG 100IU，或LRH－A 3～5微克。雄蛙注射雌蛙1/2的剂量。注射的部位可采用腹腔注射、皮下注射或肌肉注射，采用一次注射法。注射液用生理盐水或蒸馏水配制，每只亲蛙注射0.2～0.5毫升的药液。注射激素后，将雌、雄蛙按（1～1.5）：1的比例放入产卵池中，让其自然产卵、受精。一般在1～2天内获得批量受精卵。

（六）蛙卵收集与孵化

1. 孵化工具

根据生产规模，可用水泥池、网箱、塑料桶、盆、水缸等孵化。孵化量较大时，最好用水泥池或网箱孵化。

（1）水泥孵化池。面积2～4平方米，池深10～20厘米，孵化池保持水深4～5厘米。池的两端分设有进水口、排水口，进水口稍高于水面。在排水口上方水面上设溢水孔。各孔口用纱绢网布封住，防止蝌蚪和卵子溢出。

（2）网箱。用尼龙纱绢制成面积2～3平方米，高30～40厘米的小网箱，固定在竹或木框架上，安装在水中，入水深度3～4厘米。

孵化量小的，可采用水缸、塑料桶、盆等容器当作孵化器，孵对水深度5～10厘米。

孵化池和孵化工具在使用前要先清洗干净。

2. 蛙卵的收集

在产卵季节，每天早晨巡查产卵池，发现片状卵块，要及时采集。采卵时，可用塑料勺连水带卵粒轻轻捞起，转入塑料盆中，然后移到孵化池孵化。放入孵化池时要注意卵块不要重叠，以免缺氧影响胚胎发育；不同一天产出的卵不要放在同一池孵化，否则孵出的蝌蚪大小不一，易出现互相残杀；产卵池、孵化池中的水温要保持一致，温差不能超过2℃。

3. 孵化方法

在室内孵化较好，方便控制光照、温度，室外孵化要在孵化池上方搭棚覆盖遮阳网遮阳。孵化密度以5 000～8 000粒/平方米为宜。孵化过程中每天换水1～2次，最好用微流水孵化，保证水质清洁，溶氧丰富；及时清除腐烂的水草。气候变化时要做好水温稳定工作，尽量保持孵对水温在24～30℃的最适温度范围内，以提高孵化率。保持环境安静，防止敌害进入池中吞食蛙卵。

一般经过2～3天即孵化出蝌蚪。

四、养殖技术

（一）蝌蚪培育

把刚孵出的蝌蚪养到尾萎缩消失，长出四肢的幼小蛙体，称为蝌蚪培育。温度适宜时，经过30天左右就完成变态发育，形成幼蛙。蝌蚪个体小，游动速度慢，对外界适应能力弱，易受敌害侵袭，因此，要提供良好的生活环境和充足的优质饵料。

1. 养殖池的建造

蝌蚪培育池应建在水源充足、通风条件好的地方，面积一般为20～200平方米，硬底土池或水泥池均可，但水泥池底部要有一薄层稀泥。池水最深处为30厘米左右。采用梯级式或斜坡式，高低落差10～20厘米，方便随着蝌蚪变态而逐渐降低水位，露出部分陆地供已变态的幼蛙栖息。在池中可种植一些水浮莲等浮水植物，以改善水质，并为蝌蚪提供隐蔽场所。池内四周防逃墙高50厘米，内留少量陆地，作为变态的幼蛙登陆栖息地。

2. 放养前的准备工作

水泥池应在放养前3～5天，用清水洗刷干净，并暴晒1～2天后注水。土池在蝌蚪放养前7～10天排干池水，每平方米水面用生石灰80克对水全池泼洒消毒。清塘消毒后2天注水30厘米，施基肥培育浮游生物，作为蝌蚪下池后的适口饵料，每平方米水面施发酵腐熟粪肥0.5～1.0千克。天气正常时4～6天浮游生物就会迅速繁殖，这时是蝌蚪适宜放养时间。蝌蚪池中种植一些水葫芦等水生植物，既可遮光挡阳，又可为变态后的幼蛙爬出水面栖息和进行肺呼吸提供便利。

3. 蝌蚪放养

蝌蚪孵化出膜后1~2天，便可转入蝌蚪池培育。蝌蚪放养前先检查清塘药物毒性是否消失，可用盆从池中装少量水，放入几尾蝌蚪试养，24小时后如果蝌蚪生活正常，说明池水毒性消失，可以放养。

放养密度：800~1 000尾/平方米。

放养的小蝌蚪最好是日龄相同、规格大小一致，防止发生自相残杀现象。放养时要注意孵化池与蝌蚪池的水温差不能超过2℃。

4. 饲养管理

（1）投饵。蝌蚪下池后第二天就开始投喂，这时的饲料以熟蛋黄浆为主，兼喂一些浮游动物、新鲜鱼肉浆；2天后可投新鲜小鱼虾、活水蚯蚓、动物内脏碎块等，兼喂少量的经温水浸泡过的米糠、豆粉。为了防止营养不平衡，可用几种动植物饲料混合投喂。随着蝌蚪的长大，还可投喂一些切碎的瓜果、蔬菜。采用悬挂式食台全池多点投放（图7-2）。每天早晚各喂1次，每天投喂量为蝌蚪体重的5%~8%，以投喂后1小时左右吃完为好。

图7-2　悬挂式食台

（2）调整密度，分级饲养。蝌蚪下池养殖15天后，如果出现规格大小不一，要进行筛选按个体大小分养，尤其是在变态发育时，否则容易发生幼蛙吞食蝌蚪、大蝌蚪吞吃小蝌蚪的现象。分养时适当降低密度，促进蝌蚪的生长发育，提高蝌蚪的成活率。

（3）调节水质水温。每隔3～5天注水1次，每次加进新水10厘米，控制池水肥度；每天清除残饵，防止恶对水质。

蝌蚪生长发育最适宜的水温是24～30℃。夏天当水温达32℃时，蝌蚪活动能力下降，摄食量减少，生长速度减慢。因此，当气温过高时必须采取降温措施，在蝌蚪池边搭凉棚种瓜种菜，或在池子上方覆盖遮阳网，适当增大水深，注入低温水等。

（4）巡池。每天早、中、晚要巡池，观察蝌蚪的活动。早上观察蝌蚪有无浮头现象，当蝌蚪出现浮头时，应向池中加注新水增氧；中午和傍晚主要观察蝌蚪的吃食情况、有没有发生疾病，发现蛇、鼠、蛙、鸟类、野杂鱼等天敌，要及时清除。

（5）调节水位，为幼蛙登陆创造条件。经过30天左右的养殖，蝌蚪开始变态发育成幼蛙，由鳃呼吸向肺呼吸转变，此时要降低水位，让水浅一边露出水面，供幼蛙登陆。也可以在蝌蚪池中水面放一些木板、塑料泡沫板等漂浮物，让幼蛙登上漂浮物活动，呼吸空气。

（二）成蛙养殖

1. 养殖池的条件

成蛙池要求环境安静、水源充足、排灌方便、水质无污染。精养蛙池面积大小均可，但一般不超过80平方米，池深0.5米左右，池水深度为10～20厘米。土池、水泥池都可，以硬质土池为好，池壁要衬上一层塑料薄膜。如果是水泥池，底部可适当铺一层2厘米左右的干净细泥沙，可避免蛙体与水泥池底直接摩擦受伤。池的一端略高于另一端，便于排水清洗，较高的一端露出水面部分可作饵料台使用，池中水陆面积之比为（3～4）：1，水面上种植一些浮水植物，陆地上搭棚种植丝瓜或葡萄遮阳，还可在地面上铺一层腐植土、牛粪，放养蚯蚓养殖作为虎纹蛙的饵料。四周要有高1米的围墙或围网，围网向池内稍倾斜以防蛙逃逸。进、排水口要安装筛网防止蛙逃跑。

生产上一般至少要有3个池子，便于养殖过程中大小分养。

2. 幼蛙放养

幼蛙放养前先对池水进行消毒，并在池中放养少量水生植物。池水毒性消失后就可放养幼蛙入池。

放养密度与蛙池的水源水质条件、养殖方式及管理水平等有关。集约化养殖刚变态幼蛙，每平方米放100～150只，30克以上的放养60～80只，养成商品蛙；池塘养殖，刚变态幼蛙每平方米放养60～80只，30克以上放养10～20只。

每个蛙池放养幼蛙规格要一致，防止发生残食现象。幼蛙入池前，用3%～4%食盐水溶液药浴5～10分钟进行蛙体消毒，防止蛙体带菌、带虫入池，以减少病害的发生。

3. 投饵

幼蛙的食性与成蛙相同，以动物性饵料为主，但饵料的规格要小，适应幼蛙摄食。刚脱尾变态幼蛙体质瘦弱、个体小，四肢跳跃能力较差，其视觉和嗅觉尚未完全适应陆栖生活，因而摄食能力不强，此时，要投喂幼蛙特别喜欢吃、营养丰富、易于消化吸收的小鱼虾、小蝇蛆、小蚯蚓和小黄粉虫等活饵。蚯蚓、黄粉虫投喂前要先清洗消毒，防止幼蛙感染病害。饲料投放在饲料台上，每天早、中、晚各投放1次，日投料量占体重的5%～10%，以投喂后1小时内吃完为宜。投喂量不能太多，以免幼蛙饱食过度，引起消化不良；也不能太少，以免吃不饱发生残食现象。

10天以后可直接投喂切碎的鱼肉、螺蚌蚬肉、动物肝脏等有腥味的非活饵料，随着蛙的个体长大，饲料的颗粒也可逐渐增大，做到饲料的规格与蛙体的大小相适应，一般应小于蛙的口裂，短于蛙体长度的一半。

为了让幼蛙顺利从摄食活饵到非活饵的转变，要求经过驯饵，方法：刚变态的幼蛙全部投喂活饵，满足幼蛙摄食和生长的需要，7 天后，可在活饵中加入少量的切碎的鱼肉、螺蚌蚬肉、动物肝脏等有腥味的非活饵料，并逐日减少活饵的量，增加非活饵的量，约经 5～7 天驯食，可全部投喂非活饵。改喂其他饵料时也采取与此相类似的方法，不能突然换料。

也可使非活饵动起来方便幼蛙摄食：用 5 厘米宽的木条制成长宽各 1 米的正方形框架，底部用 10～15 目的尼龙窗纱钉紧，制成饲料台，然后用吊绳固定在水中 1～2 厘米处，把活饵和非活饵一起投在饲料台上，活饵在水中游动，加上幼蛙上台摄食跳动，非活饵就在水中动起来，成了活动的饲料。饲料台不能沉水太深，不利于幼蛙摄食。

当幼蛙长到 50 克以上时食量增大，此时应以投喂膨化颗粒饲料为主，可搭喂野杂鱼虾、螺蚌蚬肉、动物肝脏、蚕蛹等动物性饲料。坚持定时、定位、定质、定量投喂。饲料投在食台上。面积较大的蛙池要设多个食台，方便蛙摄食。每天投喂量，一般动物性饲料为成蛙体重的 10%～15%，膨化颗粒饲料则为 3%～5%。每天喂 2 次，分别是 8：00～9：00 和 16：00～17：00，上午投喂 40%，下午投喂 60%。饲料要新鲜适口营养价值高，不投喂腐败、发霉变质的饲料，防止蛙发生食物中毒。

如果蛙池周围种植有较多的农作物，可设置黑光灯诱虫作饵。在饲料台上方 20 厘米左右的地方安装一盏 30W 黑光灯，夏秋季节天黑后开灯，利用昆虫的趋光性诱集昆虫飞到灯周围，供蛙捕食。

4. 饲养管理

（1）水质调节。由于养殖密度比较大，投饵多，残料和蛙的排泄物较多，水质极易变败坏，引起疾病发生。因此，要做好水质调节工作，防止水质恶化。首先每天要及时清除残饵，排除污物，消毒饲料台；其次要坚持每2～3天换水1次，每次换水量为原水量的1/3；第三，每隔15～30天，每立方米水用生石灰20克对水全池泼洒，以保持水质清洁。

（2）做好避暑和保温工作。虎纹蛙生长最适温范围为28～32℃。在夏秋季高温季节，可在蛙池上方搭设遮阳棚，覆盖黑色遮阳网防止太阳暴晒。当冬季水温下降到20℃以下时，虎纹蛙摄食活动明显减少，生长速度减慢，可用塑料薄膜覆盖蛙池，保持一定的水温，延长其生长期。

（3）做好防逃工作。成蛙逃跑能力强，每天要检查各处的防逃设施，防止成蛙打洞爬墙逃走，特别注意雨天或雨后晚上。

（4）防止惊扰，做好疾病防治工作。虎纹蛙喜欢安静环境，怕惊扰，应尽量保持环境安静，及时驱除敌害。

成蛙饲养密度大，一旦发现有病或活动异常的蛙，立即隔离检查治疗，防止疾病蔓延。

（5）分级饲养。在养殖过程中，随着个体的生长，应将个体特别大和个体特别小的蛙分开饲养，防止出现大吃小。

五、越冬管理

虎纹蛙是变温动物，体温随外界环境温度的变化而改变。当气温降至15℃以下时便减少摄食和活动，进入冬眠状态。要做好越冬工作，提高越冬成活率。

（一）蝌蚪越冬

蝌蚪在变态期间自然越冬会大大降低成活率。因此，繁殖后期蝌蚪孵出后，多投高蛋白饲料，加强饲养管理，可促使蝌蚪提早变态，尽量在越冬前完成变态发育。对于不能在越冬前完成变态发育的蝌蚪，可采取以下措施，提高越冬成活率。

1. 加深池水

越冬前注入新水，使池水深80厘米以上，并保持水深恒定。越冬期间采取措施防止池水结冰。

2. 增大放养密度

越冬期间水温较低，蝌蚪新陈代谢水平低，耗氧量减少，可增大蝌蚪的密度，有利于蝌蚪在池内越冬。

3. 加强水质管理

在越冬期间，每15天左右注入新水一次，防止水质恶化，同时，注意水温变动不超过2℃。

4. 适当投料

越冬期间如水温达到15℃以上可适当投喂，以植物性饵料为主，并控制投饵量，延长蝌蚪的变态时间；如果天气反常，水温达到20℃以上，可采用注水降温。

5. 加温越冬

有条件的地方在越冬期间，可利用温室、温泉水、工厂锅炉热水等保温控温条件，长期保持水温在20~30℃，使蝌蚪能正常生长发育，此时按正常投喂。

（二）幼蛙、成蛙越冬

1. 自然越冬

（1）越冬前的准备。当冬季温度降到20℃以下时就要做越冬准备工作。在蛙池周围选择向阳、避风的一边，在离水面20厘米处，挖若干个水平深度为60~80厘米、口小内宽的土洞穴若干个，每个洞穴要求能容纳数只乃至数十只蛙冬眠，穴底保持湿润或稍有积水。洞口要稍向下倾斜，防止下雨时雨水流入洞内。

（2）越冬管理。主要是做好保温、水位控制等工作。

①保温：蛙全部进洞冬眠后，在洞口处放置干草，加盖塑料薄膜，以防止冷空气进入洞中。越冬期间如遇高温天气，要去掉塑料薄膜，适当通风，防止蛙闷死。

②控制水位：控制好越冬池水位，特别是下雨时，不让池水进入洞穴，防止蛙受水淹而冻死。

③防除敌害：虎纹蛙在越冬期间极易受到敌害的侵袭，要注意防止老鼠、猫等进入池中捕食。

2. 塑料薄膜大棚越冬

利用塑料大棚保温和加温措施，使棚内温度维持在适宜虎纹蛙生长的范围内，越冬期间不冬眠，可加快生长速度，提高成活率，缩短养殖周期。

（1）越冬前的准备。在养蛙池上方搭建双层塑料大棚，覆盖白色塑料薄膜保温。棚内可用锅炉加温。

（2）越冬管理。①温度控制：越冬期间棚内温度最好保持在25~32℃。如遇高温天气，棚内温度超过35℃，要揭开部分薄膜通风降温。

②投喂：由于水温高，蛙不冬眠，正常摄食生长，所以要按正常投喂。饲料的种类和投喂量与夏秋季养殖基本一致。

③水质调节：越冬大棚内由于空气不流通，水质更容易变坏，对蛙的生长不利。因此，要每天清除残饵、注入新水，每次注水量以换水后池水水温变动不超过2℃为宜。

六、捕捞与运输

（一）捕捞

1. 蝌蚪的捕捞

蝌蚪喜集群活动，游动速度慢，不钻泥，用一般鱼苗网在池中拉网，能有较高的起捕率。面积较小的池子，直接用抄网抄捕。

由于蝌蚪比较细嫩，游动又慢，捕捞时操作轻缓，勿使蝌蚪受伤、致死。

2. 蛙的捕捉

面积大、水较深的蛙池，可先用网目较密、较为柔软的成鱼网拖捕，然后排干池水，用手捕捉。如果捕捞量不大，可在晚上用手电筒直接照射蛙眼，用抄网捕捉。

（二）运输

1. 蝌蚪运输

蝌蚪孵出 2 ~ 3 天即可运输，超过 20 天，蝌蚪已经开始变态发育，此时不宜长途运输。

少量短距离运输，可用塑料桶运输，运输过程中防止蝌蚪缺氧，发现浮头要及时换水。

大量长距离运输，最好用尼龙袋充氧运输。方法：选用运输鱼苗的规格为 40 厘米 ×70 厘米的双层尼龙袋，先在袋中装入 1/3的清洁富氧水，再装入蝌蚪，充入氧气至袋饱满有弹性为止，扎紧袋口，装入纸箱中即可启运。装运蝌蚪密度为：孵出 5 天以内的，每袋可装 5 000 ~ 8 000尾蝌蚪；如果蝌蚪已长到 3 厘米，每升水装 100 尾左右。

到达目的地后要先消除温差再把蝌蚪放入池中。

2. 幼蛙、成蛙运输

运输工具宜用高 10 ~ 15 厘米的木箱、塑料泡沫箱等，易搬运、易堆放。要求箱内表面光滑，以免擦伤。箱壁上钻通风透气、漏水的小孔若干个，容器内应放入适量水草以保持蛙体湿润。运输的密度以蛙体之间保持一定的间隙、不致成堆挤压而导致伤害为宜，一般每平方米面积中可装 10 克左右的幼蛙 1 200 只，20 ~ 30 克的幼蛙 700 只，250 ~ 300 克的商品蛙 150 只。在运输途中每隔2小时洒水1次，以保持青蛙皮肤湿润，使其能正常呼吸，不至于窒息死亡。

蛙在装运前停喂、静养2~3天，减少在运输途中排出粪便，污染运输箱。

七、常见疾病防治

（一）水霉病

（1）病原体。水霉菌。

（2）症状。蝌蚪受伤后被水霉菌感染，水霉菌从伤口处吸取营养生长，向内长出内菌丝深入肌肉组织，使肌肉细胞死亡，病灶不断扩大；向外长出外菌丝，肉眼看似灰白色的棉毛。最后蝌蚪因负担过重，游动不正常，食欲减退，衰竭死亡

蛙卵也常发生此病，水霉的动孢子感染蛙卵，内菌丝侵入蛙卵内部吸取营养，外菌丝包围外部的卵膜后，外观蛙卵像一个个白色绒球，使蛙卵的胚胎死亡，造成孵化率下降。

此病多发生于春秋两季，特别是阴雨天，水温在18~20℃时，水霉迅速繁殖和蔓延，造成大批蛙卵死亡。

（3）防治。用生石灰消毒产卵池、孵化池和蝌蚪养殖池；蝌蚪在放养、捕捞、运输时操作小心，勿使其受伤；蝌蚪放养前用3%的食盐水溶液药浴5~10分钟；发病蝌蚪用浓度为2%的食盐和小苏打（1∶1）混合溶液药浴5~10分钟。

（二）红腿病

（1）病原体。嗜水气单胞菌。

（2）症状。发病个体精神不振、活动能力减弱，腹部膨胀，口和肛门有带血的黏液。发病初期后肢趾尖红肿，有出血点，很快蔓延到整个后肢，严重时溃烂。剥去蛙的皮肤，腹部及腿部肌肉有点状充血，严重时腹部及腿部肌肉充血呈红色。

本病发生于4～10月发病，7～9月为发病高峰。常因养殖池水恶化、饲养密度过大、蛙体外伤等原因致病。有时呈暴发性，死亡率高。危害比较严重，是蛙类的主要疾病之一。

（3）防治。经常加注新水，保持水质清洁；及时清除残饵，不让蛙吃不洁饵料；治疗要内服、外用药物：外用三氯异氰脲酸对水全池泼洒，每立方米水用0.2～0.3克；内服药饵：每千克蛙用氟哌酸20～30毫克拌饲料投喂，连5天。

（三）肠胃炎

（1）病原体。为肠型点状气单胞菌。

（2）症状。发病初期病蛙呈不安状，有时在水中打转，食量明显下降或停止摄食，身体瘫软无力，行动迟缓，体色暗淡，低头弓背伏于池边，腹部膨大有红斑，肛门红肿。解剖观察，病蛙胃外表有树枝状充血，肠胃内少食或无食，多淡黄色黏液，胃黏膜出血，肠道外表发红。

饲养管理不善、时饥时饱、吃食腐败变质的饲料、池水不洁、水质不良是诱发此病的原因。5～9月是本病发病季节，发病较急，传染性强，病蛙死亡率高，是目前青蛙的主要疾病之一。

（3）防治。定期清扫饵料台，清除残饵；定期加水或换水，保持水质清爽；不投腐败变质和霉变的饲料；每15天每立方米水用生石灰20克对水全池泼洒消毒蛙池；治疗：每千克饲料中加入氟哌酸2克拌和投喂。

（四）腐皮病

（1）病原。奇异变形杆菌和克氏耶尔森氏菌。

（2）症状。发病初期，病蛙体色发黑，头部的背面皮肤出现白斑花纹；随着病情发展，头部前端上、下唇及头顶皮肤脱落、渗血，背部皮肤、腿部皮肤出现白色斑点，严重时表皮脱落，肌肉裸露，脚趾溃烂等，解剖，可见肝肿大呈青灰色，肾脏石质化，肺和心脏暗灰色。发病的蛙食欲减退直至停食，病蛙常独自伏于阴暗的地方，并经常用指端抓患处，呈现出血现象。

本病幼蛙、成蛙均发生，蛙受伤、长期投喂单一饲料造成营养物质缺乏、密度过大，卫生条件差，蛙的排泄物不能及时排出池外，池中尿酸、氨浓度大，使表皮受到破坏，病菌侵入而出现烂皮。全年可发病，病蛙死亡率高。

（3）防治。保持水质清新，定期换水；发病季节，可在饲料中添加菜叶汁增加维生素的含量，也可直接添加鱼肝油、动物内脏等富含维生素 A、维生素 D 的饲料。保证饲料的新鲜，不喂变质和霉变的饲料；每 15 天每立方米水用生石灰 20 克对水全池泼洒消毒蛙池；发病季节，用三氯异氰脲酸对水全池泼洒，每立方米水用 0.2 ~0.3 克。

第八章　罗非鱼

罗非鱼又称非洲鲫鱼，属鲈形目、丽鱼科、罗非鱼属，是热带性鱼类，原产非洲，共有100多种，目前我国引进养殖的有5种：莫桑比克罗非鱼、尼罗罗非鱼、奥利亚罗非鱼、红罗非鱼、吉富罗非鱼。罗非鱼（图8-1）广泛分布于非洲大陆及中东大西洋沿岸咸淡水水域中，是非洲淡水和咸淡水水域中的主要经济鱼类。罗非鱼具有生长快、产量高、食性广、饲料要求低、繁殖力强，养殖周期短，疾病少等优点，而且肉味鲜嫩，骨刺少，深受消费者欢迎，是世界上养殖最广泛的鱼类之一，1976年被联合国粮农组织（FAO）推荐为可为贫穷农渔民解决蛋白源和脱贫的“穷人鱼”。近年来，罗非鱼已不再被认为是仅适合于穷国和穷人的水产品，也为欧美发达国家中产阶级所接受，市场前景广阔。

图8-1　罗非鱼

我国大陆在20世纪50年代开始引进养殖莫桑比克罗非鱼，

70 年代引进了生长速度快、个体大的尼罗罗非鱼，80 年代引进奥利亚罗非鱼，并通过用尼罗罗非鱼作母本、奥利亚罗非鱼作父本杂交育成奥尼罗非鱼；90 年代引进第四代吉富罗非鱼，并不断进行选育形成新吉富罗非鱼。奥尼罗非鱼和吉富罗非鱼雄性率高、生长速度快，已成为我国罗非鱼养殖的主要品种，促进了我国罗非鱼养殖业的发展，2009 年中国罗非鱼产量约为 125.7 万吨，约占世界产量的 41%，我国已成为世界罗非鱼最大的生产国、消费国和出口国。

一、生物学特性

（一）食性

罗非鱼是以植物性饵料为主的杂食性鱼类。在天然水域中，罗非鱼苗主要摄食浮游动物；自鱼种阶段以后，食物广泛，主要摄食浮游生物、有机碎屑、附生藻类、摇蚊幼虫、水蚯蚓、水生昆虫等，也吃一些水生高等植物如浮萍。从鱼苗到成鱼，罗非鱼都喜摄食麸皮、米糠、花生麸、豆饼和人工配合饲料。罗非鱼能消化利用其他鱼类不能消化的蓝藻和绿藻。

（二）生活习性

罗非鱼为底层鱼类，正常生活时多栖息于池塘底层，在晴天中午也常到表层来摄食浮游生物、刮食附生藻类；幼鱼喜欢在池边集群游动。鱼种成鱼阶段，如遇到拉网捕捉，大多潜入底泥中躲藏。

罗非鱼属热带性鱼类，适温范围为 16～40℃，最适生长温度为 24～32℃，在此温度范围内摄食强度大，生长速度快。罗非鱼对低温适应能力较差，当冬季水温下降到 15℃时，鱼群潜于深水处，少游动不摄食；水温继续下降至 12～13℃时，鱼体失去平衡，全身僵硬，呈假死状，除有鳃盖、嘴和胸鳍轻度摆动和两眼左右转动外，鱼体基本不动。降到10℃左右并维持数天，罗非鱼可被冻死；不同品种的罗非鱼适宜生长水温、致死低温有一定的差异。除海南和广东、广西的部分地区能自然越冬外，全国的大部分地区冬季低温时间较长，罗非鱼不能自然越冬，必须在养殖池增设保温设施才能安全越冬。

罗非鱼摄食、生长的最适溶氧量为5～8毫克/升。耐肥水耐低氧能力较强，当水中溶氧量只有0.4毫克/升时仍能生存，能在有机物质含量过高、水质过肥过浓、其他鱼类难以生存的水体中正常生长、繁殖。

罗非鱼生长较快，除莫桑比克罗非鱼外，全长3～5厘米的鱼种，经过5个月的养殖，体重可达250克以上。罗非鱼的雄鱼生长速度明显快于雌鱼，单养雄鱼可提高产量。

罗非鱼属广盐性鱼类，既能生活于淡水，也能生活于海水，经短期驯化能在盐度为15‰～30‰的海水中正常生长。但不同品种的罗非鱼耐盐性有一定差别。

（三）繁殖习性

罗非鱼的繁殖能力强，亲鱼有筑巢产卵、雌鱼含卵口腔孵化、护幼的习性。在适温条件下，当年鱼苗经过3～9个月的养殖即达到性成熟，可以产卵；罗非鱼属多次产卵鱼类，两次产卵时间间隔约为20～30天，在我国南方一年可产卵6～8次，长江流域可产4～5次。产卵适温为22～35℃。当春季水温达到20℃以上时，罗非鱼雄鱼在池底挖掘宽20～30厘米、深10厘米左右的产卵巢，挖好产卵巢后雄鱼在一边守护，当有雌鱼经过时，雄鱼引诱雌鱼进巢中配对产卵。雌鱼把受精卵含于口腔孵化，水温25～30℃时，4～5天即可孵出幼鱼。幼鱼在母体口腔内发育，直至卵黄囊消失能水平游动时，雌鱼才会把幼鱼吐出水中觅食，但一旦发现危险，雌鱼即迅速把幼鱼含入口中保护，直到幼鱼活动和摄食能力增强后，亲鱼才离开幼鱼。罗非鱼的产卵量与雌鱼个体大小及营养状况有关。一般第一次性成熟的雌鱼怀卵量仅300粒左右。以后逐渐增多，体长18～23厘米的雌鱼产卵量为1 100～1 600粒，体长25～27厘米的为1 600～1 700粒，体长57厘米的雌鱼可产卵4 000粒左右。

二、饲料的种类

罗非鱼不同生长阶段对饲料营养的要求不一样。在生产中要根据不同阶段投喂不同的饲料，鱼苗期以生物饵料为主，鱼种期兼喂配合饲料，成鱼阶段以投喂颗粒配合饲料为主。

（一）鱼苗饵料

在罗非鱼鱼苗阶段，以摄食浮游动物为主，生产上通过池塘施有机肥培育浮游动物来解决；当浮游动物量不足时，可投喂豆浆、豆饼粉、花生麸等补充。

（二）鱼种、成鱼饲料

罗非鱼是典型的杂食性鱼类，鱼种、成鱼阶段能摄食几乎所有天然饵料和精饲料。可投喂的饲料有：米糠、麸皮、大豆饼粕、菜籽饼粕、棉籽饼粕、胡麻粕、向日葵饼粕、花生麸、酒糟、鱼粉、血粉、肉骨粉、蚕蛹、蚯蚓、蝇蛆、黄粉虫等；也可投喂部分水陆生植物，如芜萍、小浮萍、紫背浮萍等；大规模养殖宜用罗非鱼专用全价配合饲料。

三、繁殖

罗非鱼可在池塘中自然批量产卵，不需要进行人工催产，人工繁殖比较简单。

（一）池塘条件与建造

选择水源充足，水质清洁、排注方便、交通便利、光照充足、面积1～5亩、水深1.5～2米、池底平坦、底质为壤土或沙壤土、淤泥厚以6～10厘米的池塘作为繁殖池。

为了提早繁殖，充分利用生长期，有条件的地方可建设控温池培育亲鱼。

1. 塑料大棚培育池

即利用塑料大棚提高繁殖池水温，促进罗非鱼亲本的性腺发育，提早开展繁殖。在池塘上方建造人字形钢筋结构的棚架，覆盖一层白色聚乙烯塑料薄膜保温，只留2个入口方便管理。正常情况下棚内池水的温度比棚外水温高5～7℃。也可以在棚内加温，人为提高池水温度，达到提早繁殖的目的。当遇到光照充足、连续高温天气，要打开2个口通风降温。

2. 温流水培育池

在有电厂热排水或地热水的地方，可充分利用热能，修建养殖池培育罗非鱼亲鱼。池子以东西向，长圆形为好，土池或水泥池均可，面积大小视温水流量大小、温度高低确定，一般面积以1～2亩、平均水深1.0～1.2米为好，如面积太大，散失热量多，池水温度难以维持稳定。若电厂热排水或地热水无毒，可直接排入池中；如有毒，可在池内曲折地敷设钢水管，热水经过水管时把热量传入池水中，提高水温。

繁殖池在亲鱼放养前先进行清理和消毒。先将池水排干，清除过多的淤泥，平整池底，加固池堤，修筑池堤，修补裂缝，漏洞，清理池边杂草，暴晒数日即可清塘消毒。清塘一般安排在亲鱼下塘前10～15天进行，带水清塘效果最好。用生石灰清塘，每亩水面平均水深1米用生石灰125～150千克，对水后全池泼洒。清塘后7～10天毒性消失可以放鱼。在亲鱼下塘前7天左右施基肥培育水质，为罗非鱼亲鱼提供优质天然饵料，每亩施牛粪或猪粪300～400千克。施肥后5～7天，池水透明度30厘米左右，水中就会出现大量的浮游动物，此时即可放亲鱼入池。

为安全起见，在亲鱼放养前先检查清塘药物的毒性是否消失，方法是在池塘的下风处打一盆水，放入几尾鱼苗，经过12～24小时后，如果鱼苗活动正常，说明池水毒性已经消失。

（二）亲鱼放养

无论是常温自然养殖池还是设施控温养殖池，在水温稳定在20℃左右时即可放养。选择个体大，无伤病的亲鱼放入繁殖池培育。雌鱼个体体重一般须在150克以上，雄鱼在250克以上。雌雄亲鱼的比例为（2～3）：1。放养密度根据培育池的条件而定，配备增氧机的静水养殖池，每亩水面放养2 000～3 000尾，温流水养殖池放养量可适当加大；无增氧机的静水养殖池，每亩水面放养600～1 000尾。密度过大会抑制繁殖，过小又浪费水面。

雌雄区别：罗非鱼在性成熟后，雌雄区别才较明显。雄鱼头部背面较平直，泌尿孔和生殖孔合一成泄殖孔，外观有2孔，即肛门和泄殖孔，泄殖孔开口于小圆柱状的白色突起的顶端；雌鱼的头部背面较倾斜，泌尿孔和生殖孔分离，外观有3孔，即肛门、生殖孔和泌尿孔，生殖孔很细小，细心观察才能识别；在生殖季节，雄鱼全身发红，头、尾部尤为鲜艳，生殖乳突外凸；雌鱼体色也有些发红，生殖孔也外凸，但不如雄鱼明显。

（三）养殖管理

亲鱼入池后要加强管理，施足肥，喂足料，做好水质调节工作，促进亲鱼性腺发育。

每天2次投喂米糠、豆饼、配合饲料等商品饲料，日投喂量为亲鱼体重的3%～5%，适当投喂青饲料，如浮萍、青菜、嫩草等，补充维生素的不足；每5～7天施追肥1次，每亩施粪肥150～250千克，池水透明度保持在30厘米左右，水色呈油绿、黄绿或茶褐色；每3～5天注水1次，池水水深保持在1.5米左右；每15～20天，每亩水面用生石灰15～20千克对水泼洒消毒。天气突变时要注意防止泛池的发生。平时要勤巡池观察，及时清除敌害生物，发现进出水口损坏要及时修补。

（四）鱼苗捕捞

罗非鱼在幼苗阶段会互相残食。据记载，体长 1.5 厘米的鱼苗，就能吞食刚离开母体的幼苗。当罗非鱼亲鱼下塘 10 天左右，水温达到 22～23℃时就能发情产卵，这时要加强巡塘，特别是 8：00左右时，要沿繁殖池四周仔细观察是否有鱼苗活动，如看到成群的罗非鱼苗在池边水面上游动，就要及时捕捉鱼苗。捕捉方法如下。

1. 用三角手抄网抄捕（图 8－2）

手抄网制成三角形，一人单独操作，沿池边捞取鱼苗，将捞到的鱼苗放入随身拖带的大盆中，待盆中鱼苗数量较多、出现浮头时，应立即转移到预先安放的网箱中暂养。捞苗时脚步移动要慢，动作要轻。这种方法捞苗对鱼苗伤害小，捞出的鱼苗体质好，成活率高，也不会干扰亲鱼正常繁殖。

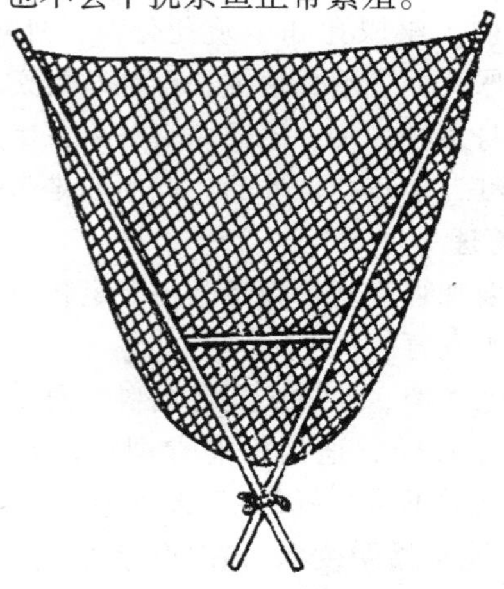

图 8－2 三角抄网

2. 用拖网捕捞

在实际生产上，即使经过较细致的抄网捕捉，也还是有不少鱼苗没有捕获。为提高获苗率，可用密网捕捞。用柔软的聚乙烯网片做成5米×1.2米×0.8米呈吊池状小拖网，两人操作，沿池边拖动捕捞鱼苗。此法获苗率高，大小苗都能捕获，可防止大鱼苗吞食小鱼苗的现象发生，提高出苗率，但对鱼苗有一定的损伤。拖网捕捞时，注意底网不要到达池底，动作要轻缓，尽可能减少对亲鱼的惊扰，造成吐卵、吐苗。

捞苗一般在上午从8：00左右开始，一直到10：00左右结束；下午从16：00开始，18：00结束。

及时把捕获的鱼苗过筛分规格，转入培育池中培育。

四、苗种培育

（一）苗种池的选择和放养前的准备

罗非鱼苗种培育池，选择背风向阳，光照充足，东西向，长方形，池底平坦，进、排水方便，面积1.0～1.5亩，水深1.2～1.5米为宜。鱼苗下池前，应将池水排干，清除池底杂物，割净池埂四周杂草，并用药物清塘，清塘方法与繁殖池相同。

清塘后次日，往池中注水60～70厘米，加水时要用密网过滤，防止野杂鱼类和寄生虫进入池中。

在鱼苗下塘前5～7天，每亩水面施腐熟粪肥300～400千克培肥水质，促进鱼苗天然饵料的生长，为下塘鱼苗提供充足的优质饵料。到鱼苗下塘时，池水呈灰白色或茶褐色，透明度30厘米左右。

（二）鱼苗放养

为加快苗种生长，提早进入成鱼养殖阶段，每亩水面放养8万～10万尾鱼苗。经过20～25天培育，可长成4～6厘米规格的鱼种。

放养注意以下事项：

（1）在鱼苗下塘前一天用鱼苗网拉几次空塘，清除蛙卵、蝌蚪、野杂鱼、水生昆虫等。

（2）检查清塘药物的毒性是否消失。

（3）同一池塘只放养同一规格的鱼苗，最好来源相同。

（4）缓苗：装鱼苗容器水温与池水水温差不能超过3℃，如超过要先消除温差，才能把鱼放入池中。

（5）放苗地点在上风处距岸边1～2米处，注意一定要远离沤肥点。放养时间以9：00～10：00和16：00～17：00为好。放苗时先把池水上下水层混匀，然后把鱼苗缓慢放入水中。

（三）饲养管理

1. 追肥

为保持池水的肥度，鱼苗下塘后必须追肥。每隔2～3天施粪肥一次，每次施用量为100～150千克/亩，池水透明度保持在20～30厘米。

2. 注水

鱼苗下塘时池水深50～70厘米，随着鱼苗的生长，原来池水空间、饵料、溶氧都不能满足需求，必须增大池水体积。一般每3～5天注水1次，每次注水10～15厘米，到鱼苗出塘时池水深约为1.2米。

注水时要过滤水源，防止水生昆虫和野杂鱼等进入池中；每次注水时间不宜太长，注水量不宜过大，勿冲起底泥，搅浑池水。

3. 投饲

鱼苗下塘后，如果水中浮游动物丰富，可不投喂。3天后当水中浮游动物减少时可投喂豆浆，每天每亩水面用黄豆1.0～1.5千克磨浆，在9：00和16：00投喂；当鱼苗长至2厘米时，需增喂精饲料，投喂一定量的配合饲料的破碎料，也可以将糠饼浸泡半天或菜饼浸泡 24 小时后，沿池周浅水处投喂，每天喂 1～2 次；当鱼苗长至 3 厘米时，开始以颗粒饲料为主，每天投喂 3～4 次，投喂量以 1 小时内吃完为宜。

4. 日常管理

每天早、晚各巡塘一次，观察鱼苗活动情况和水质变化。检查池埂有无漏水和逃鱼现象。及时捞掉蛙卵、蝌蚪、死鱼及杂草等。注意观察鱼的活动状况，吃食是否正常，有无体质、体色和行动异常等情况发生，发现异常及时处理。

5. 出塘

经过 20～25 天的培育，鱼苗长到 5 厘米左右时就可以出塘，转入成鱼养殖。出塘前要进行拉网锻练，以增强鱼种体质，提高出塘和运输成活率。

拉网锻练的方法：选择晴天 9：00 以后拉网锻炼。先在池塘的上风处安装好吊池（网箱），然后在下风处往上风处拉网，把鱼赶入吊池中。鱼全部进吊池后清洗吊池，从吊池的一头慢慢提起箱衣，将鱼赶到另一头，粪便等污物贴于箱底，随即洗干净。如果水生昆虫较多，可往吊池中倒入 50～100 克混合油（1/2 煤油 +1/2 花生油）灭杀。鱼在网箱中密集 3～4 小时后，下午即可过数出塘。

五、成鱼养殖

罗非鱼成鱼耐低氧、耐密养，对养殖条件要求不高，养殖方法多种，可用池塘单殖、网箱养殖、稻田养殖、流水养殖、海水养殖、工厂化养殖等，最常见的是池塘养殖和网箱养殖。

（一）池塘养殖

1. 池塘条件

养殖罗非鱼的池塘要求水源充足、注排水方便、面积5~10亩、水深1.5~2米为宜，池塘最好为东西向长方形，塘底平整，深度均匀，淤泥厚10厘米左右，池塘周围无高大树木和建筑物。

2. 放养前的准备

鱼种下塘前要对养殖池塘进行清整、注水和施基肥，池塘清整和施基肥同鱼苗池，注水深度为80~100厘米。清塘药物毒性消失后即可放养鱼种。

3. 鱼种放养

（1）鱼种来源。目前，我国养殖的罗非鱼主要有尼罗罗非鱼、奥利亚罗非鱼、红罗非鱼、奥尼罗非鱼、吉富罗非鱼，其中，以奥尼罗非鱼和吉富罗非鱼的养殖最为普遍，而以红罗非鱼成鱼的价格最高。奥尼罗非鱼、吉富罗非鱼、红罗非鱼制种条件、技术要求较高，一般小养殖户不易生产，大部分养殖户需要从罗非鱼良种繁育场购买。选购时一定要选择信誉良好的养殖场，确保购买的鱼苗鱼种质量。

有条件的养殖户最好自繁自育罗非鱼，能减少疾病的传播，保证鱼种质量。

（2）放养鱼种的规格要求。要求放养大规格鱼种。大规格鱼种不仅成活率高，而且生长速度快，能在较短时间内达到上市规格，养殖周期短。要求鱼种规格5厘米以上。

同池放养的鱼种规格要尽量整齐，体质健壮，无伤无病。

（3）放养时间。罗非鱼是热带性鱼类，在自然条件下，生长的水温不能低于18℃，因此，当水温稳定在18℃以上时，才可能放养鱼种。一般华南地区在3月底至4月初就可放养鱼种；华中和华东地区的放养时间为4月底至5月初，华北和东北地区气候较寒冷，放养时间大约在5月上旬。温度适宜时就要放养鱼种，以延长养殖时间，充分利用生长期，提高成鱼规格和产量。

（4）放养密度。鱼种的放养密度要根据池塘条件、饲料肥料质量和数量、养成规格、养殖技术水平等确定。

以养殖罗非鱼为主的池塘，一般每亩水面放养规格为5～6厘米的单性罗非鱼种2 000～2 500尾，同时混养鲢、鳙鱼种各50～80尾，以控制水质肥度，投喂罗非鱼全价饲料，用增氧机或流水增氧，养殖5个月左右可达上市规格，亩产可达1 000千克。

在家鱼池中混养罗非鱼，一般每亩水面放养罗非鱼600～800尾，如果混养的不是单性罗非鱼，在罗非鱼放养一个月后每亩放养规格为8～10厘米的斑鳢或乌鳢种50～100尾，目的是控制罗非鱼的种群密度。家鱼池混养罗非鱼可不投饵，通过施肥培育浮游生物为罗非鱼提供饵料。

鱼种放养时可用4%～5%食盐水或20克/立方米的高锰酸钾溶液浸洗10～15分钟消毒。

4. 饲养管理

罗非鱼的食物主要是有机碎屑、浮游生物、附生藻类等，主养罗非鱼的池塘，由于罗非鱼不断摄食，水中的饵料生物数量日益减少。因此，必须加强施肥，促使天然饵料生长，并投喂人工饵料，以保证其有充足饵料。

（1）施肥。饲养罗非鱼不论是单养还是混养，都要求水质肥沃。前期、后期保持透明度25～30厘米，中期温度高，透明度保持在35厘米左右。施肥主要是培养水中的浮游生物供罗非鱼摄食，同时，有机肥料的残渣也可以直接作为罗非鱼的饵料。一般施肥量为每7～10天每亩施粪肥150～200千克。施肥要掌握“少量、多次、及时、均匀”的原则。施肥的次数和多少，要根据“三看”来确定。

一看天气。天气晴朗，光照充足，水温较高可多施；阴雨闷热天气少施或不施肥。

二看水质。池水过肥过浓，透明度小于25厘米要少施或不施肥，池水变黑发臭，则不施肥，并及时换水或加注新水；如水质清淡，透明度大于40厘米，要多施肥。

三看鱼。天气正常时，如果每天早上鱼有轻度浮头可按正常施肥，不浮头可多施肥，严重浮头不施肥。

（2）投饵。主养罗非鱼的池塘，施肥培育天然饵料远远不能满足罗非鱼的生长需要，必须投喂足够的人工饲料才能获得高产。小规模养殖可投喂米糠、麸皮、大豆饼、花生麸、酒糟等；大规模养殖宜用罗非鱼专用全价配合饲料。兼喂部分水陆生植物，如芜萍、小浮萍、紫背浮萍等。饲料要新鲜，霉烂变质的不能喂。使用优质颗粒饲料，提高饲料利用率，降低残饵和排泄物对环境的污染。

开始投喂时先经过驯食，正常投喂后坚持“四定”投饵。

①定时：为保证罗非鱼每天正常摄食，避免出现时饥时饱，投喂饲料应定时，每天9：00和16：00各喂一次。上午投喂当天投喂量的40%，下午投喂60%。

②定位：投喂地点固定，让鱼习惯在相同的时间群集到相同的地点摄食，提高饲料利用率，减少饲料浪费。定位投喂还方便观察鱼活动情况和清除残饵，消毒食场。

③定质：投喂的饲料要求新鲜、适口、无霉变，营养价值高。

④定量：若投喂过多，鱼吃得过饱，会降低消化率，浪费饲料，甚至因暴食而致死。一般日投喂量占鱼总体重的3%～6%，具体视天气、水温、水质及鱼摄食情况而定，以投喂后半小时吃完为好。总之，投料应掌握在鱼吃八九成饱为宜，这样可以减少浪费，提高饵料利用效率。

一般晴天溶氧充足，水温高鱼生长快可适当多投喂；阴雨天溶氧低或水温低少喂；天气闷热或雷阵雨前后应停止投喂，鱼浮头时不喂。池水肥度适宜可正常投喂，水色清淡要多喂，水色浓绿要少喂。在鱼类快速生长期内，适当投喂浮萍、嫩草等青饲料，补充维生素。

（3）注水与水质调节。主养罗非鱼，由于水肥鱼多，鱼池中的残饵及鱼的排泄物积累过多，水质极易变坏，使水中溶氧下降，水中各种有毒气体增加，不利于罗非鱼正常的生长发育，同时，引发各种病原体大量孳生。因此，要每3～5天注水1次，每次注水10～15厘米，目的是带入溶氧和微量元素，保持水位；按每2亩水面配置1千瓦增氧机，当水中缺氧时及时开动增氧机增氧；每15～20天，每亩水面用生石灰20千克对水全池泼洒，澄清水质，调节pH值，增加钙离子的量。

（4）日常管理。每天早、晚要巡塘，观察鱼的吃食情况和水质变化，以便决定投饲和施肥的数量；检查进出水口拦鱼栅、网是否有损坏，防止堵塞；发现池鱼浮头严重，要及时加注新水或开增氧机增氧改善水质；经常捞取池水污物、杂草，保持池塘环境卫生；做好防洪防涝防逃工作。

（5）做好防病工作。除了做好水质管理外，隔天对食台进行漂白粉消毒（每次用漂白粉100克）。发现离群独游的病鱼或死鱼要及时捞出，分析病情，对症下药。每半个月用强氯精对水全池泼洒一次。

（二）网箱养殖

罗非鱼耐密养、耐低氧、病害少、生长速度快、群体产量高，特别适合网箱养殖。网箱养殖罗非鱼在我国已成为罗非鱼养殖的最主要形式之一，其优点是网箱养殖的罗非鱼无法繁殖，不会造成几代同塘，捕捞方便。

1. 网箱的制作

网箱一般由框架、箱体、浮子、沉子、铁锚（或桩柱）和绳子等组合而成。

（1）框架。网箱按是否可移动来分，可分为浮动式和固定式。浮动式网箱的框架浮在水面，其形状和大小依箱体的形状和大小而定。制作材料可用竹子、杉木、槽钢或硬塑料管。固定式网箱主要用桩支撑，先用竹或木打好角桩，在中间间隔一定距离打中间桩，网衣可直接挂在桩上。框架上涂上桐油防腐。

（2）箱体。是网箱结构的主体，一般用聚乙烯网片缝制而成。箱体的形状主要是长方体，规格是 8 米 ×4 米 ×2 米，这种规格的网箱易于管理，起鱼方便。也可用规格为 1 米 ×1 米 ×1 米的小网箱。网箱小，受风浪和水流作用大，箱内水体的更新能力强。

网目大小由饲养对象规格大小而定，在鱼不能逃出的前提下适当放大网目可以节省网衣材料，增加水体的交换量，减少对水流的堵塞。在生产上网目多用 1 厘米的网箱把鱼种养到 150 克左右的大规格鱼种之后，改换 5 厘米网目的网箱一直养至成鱼出箱。

（3）浮子和沉子。浮子和沉子分别安装在网箱墙网的上下边网纲上，主要是用来使网箱能在水中立体展开，以增加网箱的有效体积。浮子以泡沫塑料、浮桶最好，其浮力大，耐腐蚀，耐用。沉子可以用重 150 ~200 克的陶瓷沉子，价格较低，也耐用。使用直径 2 ~2. 5 厘米的钢管最好，既能做沉子，又能将网底撑开。此外还可以因地取材，用石块、水泥砖作沉子。

（4）铁锚。用来固定网箱的位置，一般每只重 30 千克左右，也可以用打桩的方式固定网箱。

2. 网箱的设置

（1）设置网箱的水体选择。设置网箱的水体环境必须符合鱼类的生长要求，如充足的溶氧，适宜的水温和酸碱度等，一般的江河、湖泊和水库等自然水体均可设置网箱。在选址时要注意如下几点。

①水深：设置网箱的水域，水深以 3 ~5 米为好。

②水流：流动的水可以给鱼类带来饵料和溶氧并冲走代谢废物，但流速不能过大，以流速0.05～0.1米/秒为宜。

③溶氧与pH值：要求水质清洁无毒，溶氧量最好在5毫克/升以上，至少也要达到3毫克/升以上，一般未受污染的江河、湖泊、水库水中溶氧量均可达到要求。pH值为7～8.5。

④透明度：网箱养鱼水体的透明度要大于40厘米，最好保持1～2米，小于40厘米时养殖效果不理想。

⑤水温：罗非鱼最适宜生长水温为24～32℃，因此，网箱要设置在背风向阳、水温适宜的水域中。终年水温低于24℃的水域不适宜设置网箱养殖罗非鱼。

⑥底质：网箱要设置在底部平坦，有机物沉积较少的区域，同时要避开水草丛生之地。

⑦交通：建设网箱养殖罗非鱼基地，交通必须便利，方便饲料、苗种、各种渔用物和鱼产品的运输。

（2）网箱设置方式。有浮动式、固定式两种。

①浮动式网箱：是目前普遍采用的一种方式。多设置于湖泊、水库、河流等水位不稳定的水域中。在框架的四周设置浮子或浮桶以使网箱框架浮于水面。箱体上网纲牢固地系在框架上，下网纲装上沉子，或连接在底网框上，使网箱张开成四方体。在框架一角系以粗绳，用铁锚或坠石加以固定（图8－3）。

②固定式网箱：适用于浅水湖泊和大面积池塘等水位较稳定的水域中设置。网箱面积不宜过大，多为敞口式，不使用浮子，上网纲直接固定在连接桩柱的竹杆上，底网纲连接在钢管上。网身的一部分露出水面，一般为0.5～1.0米，网身的水下部分为1.5～2.5米。最好在底网纲四角装置滑轮或粗铁环，并用绳索控制底网纲的升降，既便于洗刷网底，又可随时调节箱体的深度，使网箱不受水位的变化而影响箱内水的体积，也便于捕捞和抽样检查鱼体的生长情况（图8－4）。

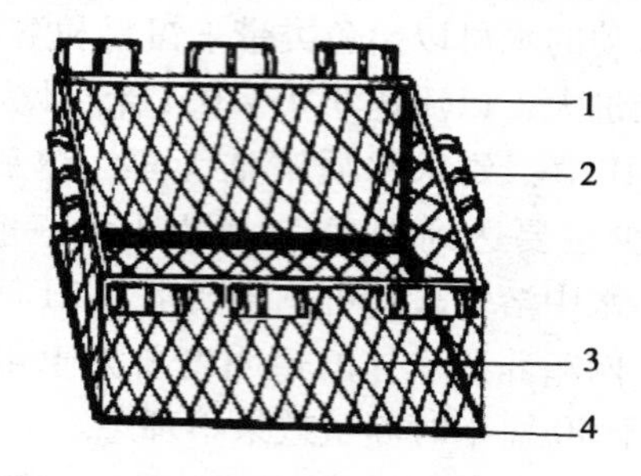

图 8－3　浮动式网箱

1. 框架　2. 浮子　3. 网衣　4. 钢管

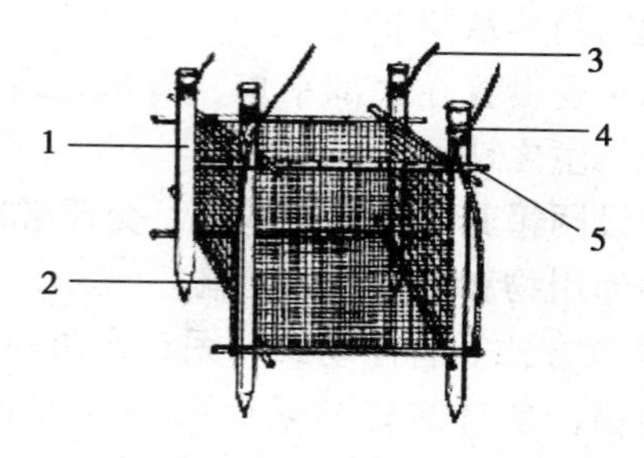

图 8－4　固定式网箱

1. 桩柱　2. 钢管　3. 绳索　4. 绳索活套　5. 竹杆

（3）网箱的排列方法。网箱的排列要有利于增大过滤水面积和便于饲养管理操作，采用品字形或梅花形排列较为理想，可以使箱与箱之间错开位置，对网箱内外水体交换较为有利。箱与箱之间距离最好在 20 米以上。大型水库多选用串联式设置网箱，每个串联组以 6～10 箱为宜，两组间距离不应小于 50 米。在生产上，由于管理、防盗等原因，网箱的排列比较灵活多样，没有严格的固定的形式。

3. 鱼种放养

（1）放养规格。要求放养 10 厘米以上的鱼种。规格大，成活率高，养殖周期短，资金周转快。

（2）放养时间。每年春季水温稳定在 18℃ 以上即可放养。争取早放养，以延长生长期，提高商品鱼规格和产量。

（3）放养规格与密度。鱼种进箱规格应根据要求养成商品鱼的规格、当地的生长期及生长期内的平均水温而定。如果要求养成的规格大而生长期短，平均水温又低，则鱼种规格就要大些；反之鱼种规格可小些。一般罗非鱼放养的鱼种规格不能小于 6 厘米。

一般鱼种入箱规格 5 厘米，养到 8～10 厘米分箱的，放养密度为每平方米 1 400～1 600尾；分箱后每平方米放养量为 350～400 尾，养到 150 克重新分箱；成鱼养殖密度为每平方米 150～250 尾。选用越冬鱼种不需要分箱，每平方米放养 200～300 尾，具体放养密度视箱体大小和水体环境好坏而定，箱体小、水体环境好，则放养密度可相应提高，如 1 立方米小体积网箱放养密度可以高达 400～500 尾。箱体大、水体环境较差，则放养密度应相对降低。

（4）放养鱼种注意事项

①鱼种放养前先用 3%～4% 的食盐水浸泡 5 分钟消毒。

②放养前要先检查网衣是否有破洞，鱼种的规格要与网箱网目的大小相适应，以防逃鱼。

③消除温差再放养。

④同箱放养规格大小一致的鱼种，一次放足。

4. 投喂

（1）设置饵料台。投喂饲料要求设置饲料台。若使用浮性饲料，则可在网箱中设置一个浮在水面框架，框内水面应占网箱水面的 25% 左右，框顶应用网片遮盖，防止鸟类等偷食。

若使用沉性饲料，一般采用 60～80 目的尼龙筛绢制作，面积约为网箱水面的 20%，边高 10～15 厘米，设置在距水面 40～50 厘米的水中，四角与网箱的支架相连，另置一根 1 米多长的塑料管立于食台上方，作为投喂饲料的导料管。

（2）驯饵。罗非鱼进箱后，由于不适应箱内的环境，会沿着网箱内壁转游或跳跃，不摄食或摄食量很少。2～3天后鱼已经处于饥饿状态，这时就可以进行投饵诱食，使鱼养成浮出水面摄食的习惯。方法：每天定时投喂，每次投饵时都打击饲料桶，边打击桶边投饵，把饲料小把撒在饲料台上方水面上，每次驯饵时间约为30分钟。经过7～10天的驯食后，鱼就形成了条件反射，一听到打击饲料桶的声音即自动集中在饲料台上方水面上争相摄食。

以投喂全价配合饲料为主，同时，要兼喂一些浮萍，以保证鱼能获得正常生长发育所需的各种营养物质。

（3）投饵方法与投喂量。每天投喂两次，每次开始投喂时要少投、慢投；当鱼群几乎全部浮在水面抢食时则要快投、多投；发现鱼群大部分已沉入水下，不再浮在水面抢食时又要少投、慢投；待水面逐渐平静时，此时大部分鱼已经吃饱，要停止投喂。一般每箱每次投喂时长约为20～30分钟。配合饲料投喂量按鱼总体重的5%左右投喂。

青饲料直接投于网箱水面即可。

在整个投喂过程中要注意如下事项。

①渐进增加投饲量：初期投饲如果比较顺利，当水温达到18℃时，可采用渐进的投饲方法安排投饲量。第一天至第二天投喂鱼体重1%的饲料量，第三天至第四天投喂1.5%，从第五天开始可采用正常的投喂量进行投喂。如果投饲后10分钟仍残留饲料，说明饲料过量，应相应减少投喂量。

②低温和低密度时的投喂：立秋以后水温下降时，或放养密度过稀时，投喂时往往不会出现鱼群浮出水面争食的现象，此时应适当减少投饲量，投喂间隔时间应适当地拉长。

③对摄食异常的检查：如果前一天还正常摄食的鱼群，突然

对声响不产生反应，投饲后鱼群不聚集到水面抢食饲料，应立即检查网箱有无破损而逃鱼或者其他外界刺激、水流不畅、溶氧过低、鱼体生病等异常情况，及时采取措施。

④投饲次数和投饲量：每天投饲次数是影响投饲效果的重要因素之一，一般以 3 ~ 4 次为宜。日投饲量和投饲次数的安排，以下午多于上午为好。因为一天之中，下午的水温和溶氧量均高于上午，鱼群摄食旺盛，适当地增加投饲量和投喂次数，有利于鱼的正常生长。

⑤饲料类型：沉性饲料比浮性饲料便宜，若能确保饲料不漏出箱，就可以使用沉性饲料。网箱投饲一般采用沉性饲料掺入浮性饲料（掺入量为 5% 左右），引鱼吃食，既降低饲料成本，又可以掌握鱼的吃食情况。

5. 网箱防护

（1）网箱的保护。为了防止出现网箱损坏而发生逃鱼事故，要求做好网箱保护工作，尤其是设置在河流中的网箱。

第一，每周至少检查网箱一次，看网衣是否有破损脱结松线现象，发现问题要及时修补。检查纲绳与网线之间，锚绳与框架之间，浮子、沉子与纲绳、网线等相互间有无损坏现象；铁锚、木桩有无松动，尤其是在台风、大雨时。

第二，罗非鱼能刮食附着在网箱上的藻类。放养适量的鲤鱼，吃掉附着在网衣上的螺蛳。

第三，在网衣上涂抹沥青等能抵御藻类生物附着的物质，保护网具。沥青涂抹法：把沥青溶于汽油中，然后全网涂抹，待网具干后即可使用。也可在网具上涂上聚氯乙烯或聚酰胺，趁湿再涂上碳酸钙粉末或贝壳粉，干后再使用。

（2）清除网箱上附着物。网箱上的附着物，会阻碍箱内外的水交换，导致箱内缺氧，影响罗非鱼的摄食、生长。清除网箱上附着物的方法有以下几种。

①沉箱清除法：在水较深的水域中设置的网箱，可以把网箱沉入水下 3 米左右，使粘附在网箱上的藻类得不到光照而死亡，达到清箱的目的。

②晒太阳清除法：把部分网衣提出水面让太阳照射，黏附在网衣上的藻类就会干枯而死。次日轮换另一片网衣。

③人工清洗法：把箱体四周的网衣逐一提出水面，用刷子洗净。有条件的可用高压水枪清洗。

6. 日常管理

（1）注意水位变化。要经常注意水位的变化，必要时要相应调整网箱的绳索长度，或者调整网箱的位置。汛期和台风时更要注意清除漂浮物，仔细检查网箱的各个部位，防止发生事故。

（2）经常观察鱼的动态，做好鱼病防治工作。在发病季节，定期用漂白粉挂袋（每袋装漂白粉 200 克，每箱挂两袋）进行鱼体表及水体消毒；每隔 15 天每千克鱼用氟苯尼考 10 毫克拌饲料投喂，每天投喂一次，连喂 4 ~6 天以预防鱼病。

（3）加强安全管理。在网箱设置区，要保持环境安静，禁止划船、游泳、捕鱼等，尤其要禁止电鱼、毒鱼、炸鱼。

（4）注意水质变化。设置网箱的水环境要求水质清洁富氧，无污染。在网箱养鱼水域，若有污水流入，水质变肥时要及时移箱，防止水域缺氧造成鱼类死亡，越冬期间尤其要注意。

（5）防盗。网箱内鱼的密度大，易捕捞，必须做好防盗工作。

（6）做好网箱养鱼记录。记录的内容包括日期、天气、水温、投饵种类、数量、鱼病发生、防治情况等。每隔 20 ~30 天抽样检查鱼的生长情况一次，做好记录，及时分析，以便于合理安排饲料和确定投喂量。

（7）及时更换大网目的网箱。有条件的每隔 20 ~30 天调换一个网目更大的网箱，不仅可以增加滤水量，保证氧气的供给，而且还可以防止网目堵塞，有利于鱼的生长。

7. 捕捞

根据鱼的生长情况，结合成鱼在市场销售价格，把达到商品规格的鱼捕捞上市。捕捞前 1 ~2 天停止投喂，有利于暂养和运输，饱食的鱼暂养、运输易死亡。

六、罗非鱼越冬

罗非鱼是热带性鱼类，抗寒能力较差，在全国的大部分地区不能自然越冬，必须采取措施保温才能越冬。

（一）越冬方式

1. 利用工厂余热水越冬

利用热电厂或其他工厂每天排出的大量余热水或废蒸气作为罗非鱼越冬的热源，越冬池可直接修建在余热水的出口处，面积根据热源大小而定，排出的温水用管道引入越冬池中，蒸气可直接排放到越冬池中以提高水温。这种越冬方式成本低，效果好。

2. 塑料大棚越冬

池子面积可以由几十平方米到数千平方米，池子上方搭钢筋支架，覆盖塑料簿膜，用锅炉加热。

3. 温泉水越冬

有天然温泉的地方，利用温泉水越冬，效果好。根据温泉水的温度和流量，在温泉水附近开挖相应面积的越冬池，池子进出水口相对。池水温度保持在 20 ~30℃。

4. 利用井水越冬

如冬天水温超过 12℃ 的水井，可用于罗非鱼越冬，但规模较小，多用于保种。

（二）进池时间和密度

1. 进池时间

罗非鱼进池的时间，应掌握在水温降至18～20℃时进越冬池为宜。具体进池时间随各地气候不同而异，长江中下游地区在10月中旬进行，南方地区可适当推迟。

2. 越冬密度

放养密度要根据越冬方式、鱼体大小、管理水平等因素决定。温流水池，溶氧充足，每亩可放5厘米左右的鱼种15万～20万尾或亩放亲鱼2 000～3 000千克。静水增氧池一般每亩放养鱼种10万～15万尾或放亲鱼1 000～2 000千克。

越冬鱼要体质健壮、无伤无病，按不同规格大小分池越冬。

（三）越冬期间管理

1. 控制适宜温度

罗非鱼种越冬期间宜将水温维持在18～20℃为宜，这样鱼类的活动、摄食、耗氧都处于较低水平；亲鱼越冬可提高水温，便于次年提早繁殖。

2. 水质调控

越冬池应保持水质清洁，保持溶氧在3毫克/升以上。越冬时，必须经常排污，定期换水，防止池水过度污染。越冬期间如果罗非鱼浮头会被冻伤，继发感染水霉病，引起死亡。因此，要注意做好增氧工作，最好用化学增氧剂增氧。

3. 合理投喂

越冬期间如水温较高要适当投喂一些饲料，以增强抵抗能力。最好投喂营养全面且不易使水质恶化的浮性颗粒饲料，可以提高饲料的利用率，减少饲料的散失，有利于保持越冬池良好的水质。

4. 日常管理

越冬期间应加强日常管理，定时测定气温与水温，掌握水温的变化情况；经常观察鱼的活动和摄食情况，发现鱼病及时治疗；定期监测水质，发现水质恶化要立即排污和换水，发现缺氧立即启用增氧机。

七、病害防治

（一）细菌性肠炎病

（1）病原体。肠型点状气单胞菌。

（2）症状。疾病早期剖开病鱼肠道，可见肠壁局部充血发炎，肠管内没有食物或只有在肠后段有少量食物，肠内黏液较多；后期全肠呈红色，肠壁弹性差，肠内没有食物，只有淡黄色黏液，肛门红肿。严重时，腹腔内充满淡黄色的腹水，整个肠壁因淤血而呈紫红色，肠管内黏液很多，抬起病鱼的头部，即有黄色黏液从肛门流出。

（3）流行。鱼种到成鱼都可受害。水温18℃以上开始流行，25～35℃时为流行高峰，死亡率50%左右，严重时可达90%。

（4）防治方法

①预防措施主要是鱼种放养前用生石灰或漂白粉彻底清池消毒，养殖过程中不投喂劣质饲料；

②治疗要内服药饵消灭鱼体内病原体，外用药物全池泼洒杀死水中病原体。内服：每千克鱼用10～15毫克氟哌酸拌饲料投喂，连续5～7天；每千克鱼用氟苯尼考10毫克拌饲料投喂，连喂4～6天。外用：每立方米水体用0.2～0.3克二溴海因对水全池均匀泼洒；每立方米水用二氧化氯0.5克对水全池泼洒。

（二）烂鳃病

（1）病原体。柱状屈挠杆菌。

（2）症状。病鱼鳃盖内表面的皮肤充血发炎，严重时鳃盖中间常常腐烂成一圆形或不规则的透明小窗；鳃丝上黏液增多，鳃丝肿胀，鳃片呈淡红色或灰白色，有的部位则因局部淤血而呈紫红色，严重时，鳃小片坏死脱落，鳃丝末端缺损，鳃软骨外露；鳃上有污泥。

（3）流行。本病流行水温在15～30℃范围内，4～10月为其流行季节，7～9月发病最为严重。该病致死时间短，死亡率达80%以上。放养密度过大，水质恶化时易发病。

（4）防治方法

①全池泼洒强氯精，使池水浓度成0.3～0.4克/立方米。

②全池泼洒二氧化氯，使池水浓度成0.2～0.3克/立方米。

③全池泼洒二氯海因，使池水浓度成0.4克/立方米。

（三）水霉病（肤霉病）

（1）病原体。由多种霉菌寄生引起。菌体较大，灰白色，肉眼可见。

（2）症状。鱼体受伤后被霉菌的孢子感染，孢子在伤口处萌发，向内生长形成吸收营养的内菌丝，向外生长形成外菌丝。在病灶部位，肉眼可见棉絮状的菌丝体。由于内菌丝分泌蛋白分解酶分解鱼体蛋白质，使病灶部位不断增大，鱼食欲减退，衰竭而死。

（3）流行。本病终年可见，但主要发生在水温10～20℃的低温季节，鱼种捕捞、运输、放养时受伤以及冬季被冻伤后最易发生，是罗非鱼常见病。

（4）防治方法

①越冬池水温应保持在20℃以上，注意增氧，防止罗非鱼浮头。

②在捕捞搬运和放养时避免鱼体受伤。

③每立方米水体用2～3克亚甲基蓝对水全池泼洒，隔2天再泼1次。

④每立方米水用五倍子2克煮水全池泼洒。

⑤每立方米水用水霉净0.15~0.3克对水全池泼洒。

（四）车轮虫病

（1）病原体。车轮虫。

（2）症状。车轮虫成群聚集在鳃的边缘，或鳃丝的缝隙里，破坏鳃组织，鳃黏液分泌多，表皮组织增生，鳃丝肿胀，严重时使鳃组织腐烂，鳃丝软骨外露，影响鱼的呼吸，使鱼致死。

（3）流行。为罗非鱼的常见病，流行于初春、初夏和越冬期，对罗非鱼苗种和鱼种的危害很大，常常造成大批鱼苗死亡。

（4）防治方法

①生石灰清塘，合理密养。

②每立方米水体用硫酸铜0.5克、硫酸亚铁0.2克对水全池泼洒，连用3天。

（五）指环虫病

（1）病原体。指环虫。

（2）症状。指环虫寄生于鳃瓣，钩住鳃丝，破坏鳃组织，刺激鳃细胞分泌过多的黏液，妨碍鱼的呼吸。严重感染的鱼鳃部明显浮肿，鳃盖张开，鳃丝呈暗灰色，体色变黑，病鱼缓慢地离群独游，不摄食，逐渐瘦弱死亡。当每片鳃上发现有50个以上的虫体，或在低倍显微镜下检查，每个视野有5~10个虫体时，就可确定患指环虫病。

（3）流行。是常见的多发病，流行于春末夏初，适宜水温在20~25℃，大量寄生可使鱼苗大批死亡。

（4）防治方法

①鱼种放养前，用20克/立方米的高锰酸钾液浸洗15~30分钟。

②敌百虫与小苏打按1∶0.6的比例混合对水全池泼洒成0.2~0.3克/立方米；或单独使用敌百虫0.5克/立方米。

参考文献

[1] 路广计，杨秀女．特种水产养殖技术．北京：中国农业大学出版社，2003

[2] 马广栓，王先科．特种水产养殖新技术．郑州：中原农民出版社，2009

[3] 黄权，王艳国．经济蛙类养殖技术．北京：中国农业出版社，2005

[4] 周文宗，覃凤飞．特种水产养殖．北京：化学工业出版社，2011

[5] 李庆乐，李邦模．塘角鱼养殖新法：特种养殖点金术．南宁：广西科学技术出版社，2000

[6] 韦志宗．塘虱　黄鳝　泥鳅　山斑鱼养殖．广州：广东科技出版社，2002

[7] 阳建春，宋晓军．经济龟类养殖．南宁：广西科学技术出版社，2001

[8] 叶重光，叶朝阳，周忠英．网箱养鱼技术图说．郑州：河南科学技术出版社，2001

[9] 戈贤平，蔡仁逵．新编淡水养殖技术手册（第二版）．上海：上海科学技术出版社，2007

[10] 曹克驹．名特水产动物养殖学．北京：中国农业出版社，2004

[11] 袁善卿，薛镇宇．泥鳅养殖技术（第3版）．北京：金盾

出版社，2011
[12] 王卫民，樊启学，黎洁．养鳖技术（第2版）．北京：金盾出版社，2010
[13] 费忠智．无公害罗非鱼安全生产手册．北京：中国农业出版社，2008
[14] 刘兴斌，熊家军，杨菲菲．黄鳝健康养殖新技术．北京：化学工业出版社，2010
[15] 余晓丽，施军．庭院小水体高效养殖．南宁：广西人民出版社，2008
[16] 张玉明，林珠英．泥鳅、黄鳝养殖新技术．北京：中国农业出版社，1999
[17] 周秋白．黄鳝泥鳅高产养殖技术．南昌：江西科学技术出版社，1999
[18] 徐在宽，潘建林，费志良，等．黄鳝泥鳅饲料与病害防治专家谈．北京：科学技术文献出版社，2002
[19] 朱定贵．塘虱鱼养殖技术．北京：金盾出版社，2006
[20] 朱新平．淡水龟高效养殖技术一本通．北京：化学工业出版社，2010